Tuna Arın

Şekil Bellekli NiTi Alaşımlarının Özelliklerinin İncelenmesi

Tuna Arın

Şekil Bellekli NiTi Alaşımlarının Özelliklerinin İncelenmesi

Türkiye Alim Kitapları

Impressum / Yayınevi adı
Bibliografische Information der Deutschen Nationalbibliothek: Die Deutsche Nationalbibliothek verzeichnet diese Publikation in der Deutschen Nationalbibliografie; detaillierte bibliografische Daten sind im Internet über http://dnb.d-nb.de abrufbar.

Deutsche Nationalbibliothek tarafından yayınlanan bibliyografik bilgiler: Deutsche Nationalbibliothek, bu yayını Deutsche Nationalbibliografie'de listeler; detaylı bibliyografik bilgi İnternet'te http://dnb.d-nb.de sitesinde mevcuttur.

Coverbild / Kitap kapağı resmi: www.ingimage.com

Verlag / Yayıncı:
Türkiye Alim Kitapları
ist ein Imprint der / yayınevinin bir ticari markasıdır
OmniScriptum GmbH & Co. KG
Heinrich-Böcking-Str. 6-8, 66121 Saarbrücken, Deutschland / Almanya
Email / E-posta: info@turkiye-alim-kitaplary.com

Herstellung: siehe letzte Seite /
Basım yeri: son sayfaya bakın
ISBN: 978-3-639-67116-2

Zugl. / Approved by: İstanbul, Yıldız Teknik Üniversitesi, 2008

İÇİNDEKİLER

Sayfa

SİMGE LİSTESİ iii

KISALTMA LİSTESİ v

ŞEKİL LİSTESİ vi

RESİM LİSTESİ ix

ÇİZELGE LİSTESİ x

ÖNSÖZ xi

ÖZET xii

ABSTRACT xiii

1 GİRİŞ 1

2 ŞEKİL BELLEKLİ NiTi ALAŞIMLARI 5

2.1 Genel 5
2.2 Faz Diyagramları 7
2.3 Deformasyonu Tarif Eden Lineer Cebirsel Tanım 11
2.4 Martenzitik Dönüşüm Termodinamiği 18
2.5 Termoelastik Martenzitik Dönüşüm Termodinamiği 21
2.6 Üretim Tekniği 27
2.6.1 Şekil Bellek Etkisinin Isıl İşlemle Sağlanması 29

3 DENEYSEL ÇALIŞMALAR 31

3.1 Deney Numunesi 31
3.2 Şekil Bellekli (SMA) Yay İçin Yay Sabiti Tespit Deneyleri 32
3.3 Fonksiyonel Yorulma Histerisiz Deneyleri 33
3.4 Şekil Bellekli Helisel Yay Numunelerin Doku İncelemesi 37
3.4.1 Numune Hazırlama 37
3.4.2 Elektron Mikroskobu ile İnceleme 38
3.4.2.1 İkincil Elektronlar (SE) Kullanarak İnceleme 38
3.4.2.2 Geri Saçılan Elektronlar (BSE) Kullanılarak İnceleme 45
3.4.3 Optik Polarize Mikroskop ile Analiz 48
3.5 Şekil Bellekli Yay Numunenin Kimyasal Analizi 49
3.6 Gerinimsiz NiTi Yay Numunenin DSC Analizi 55

3.7 Çekme Deneyi Histerisiz Eğrileri 58
3.8 Lagrange Polimer Enterpolasyonu Kullanılarak Modelleme 59

4 SONUÇLAR VE TARTIŞMA 63

KAYNAKLAR.. 67

EKLER 73

Ek 1 Şekil bellekli yayın mesafe(mm.)-kuvvet(N.) değerleri 73
Ek 2 40 tekrarlı yorulma histerisiz eğrisi için hesaplanan mesafe-sıcaklık değerleri... 73
Ek 3 80 tekrarlı yorulma histerisiz eğrisi için hesaplanan mesafe-sıcaklık değerleri... 74
Ek 4 Çekme deneyi sırasında kuvvet artarken ölçülen kuvvet-mesafe değerleri 74
Ek 5 Çekme deneyi sırasında kuvvet azalırken ölçülen kuvvet-mesafe değerleri 75
Ek 6a R fazı oluşumunda DSC eğrisindeki egzotermik pik......................... 75
Ek 6b R fazı oluşumunda histerisiz eğrisindeki ötelenme 75

SİMGE LİSTESİ

A_s Östenit başlangıç sıcaklığı

A_i Östenit bitiş sıcaklığı

M_s Martenzit başlangıç sıcaklığı

M_i Martenzit bitiş sıcaklığı

c Yay sabiti

d Şekil gerinim yönü

F_s Simetrik matris

$\mathrm{F_d}$ Diyagonal matris

$\mathrm{g^m}$ Her birim hücre için martenzitin kimyasal serbest enerjisi

$\mathrm{g^ö}$ Her birim hücre için östenitin kimyasal serbest enerjisi

$\Delta \mathrm{g_c}$ Martenzitik dönüşümde her birim hücre için kimyasal enerji değişimi

$\Delta \mathrm{gn_c}$ Martenzitik dönüşümde her birim hücre için kimyasal olmayan enerji değişimi

ΔG Toplam serbest enerji değişimi

A Matris

$\mathrm{r_{1,2}}$ Vektör

H Hekzagonal kafes

$\mathrm{K_1}$ İkizlenme düzlemi

$\mathrm{K_R}$ Bozulmamış düzlem

$\mathrm{M_1}$ Şekil geriniminin büyüklüğü

$\mathrm{n_1}$ İkizlenme yönü

$\mathrm{n_2}$ Kayma düzlemi ve $\mathrm{K_2}$ düzleminin kesişimi

$\mathrm{P_1}$ Şekil gerinim matrisi

$\mathrm{P_2}$ Kafes sabit kayma matrisi

R Rombik

$\mathrm{DO_3}$ Kafes dizilimi $\mathrm{Cu_3Al}$ alaşımı gibi olan düzenli yapılar

M Monoklin

B2	Östenitik NiTi fazı
B19’	Martenzitik NiTi fazı
S	Gerilme
N	Hasar oluşturan çevrim sayısı

KISALTMA LİSTESİ

MT	Martenzitik dönüşüm
KYM	Kübik yüzey merkez
KHM	Kübik hacim merkez
THM	Tetragonal hacim merkez
TYM	Tetragonal yüzey merkez
ŞBA	Şekil bellekli alaşım
DSC	Diferansiyel tarama kalorimetresi (Differential Scanning Calorimeter)

ŞEKİL LİSTESİ

Şekil 2.1.1 KYM-THM kafes çarpılması 6
Şekil 2.1.2 Sıcaklık dönüşüm eğrisi 6
Şekil 2.1.3 Histerisiz eğrisi 7
Şekil 2.2.1 Isıtma soğutma sırasındaki martenzit yüzdesi değişiminin simülatif oranı 8
Şekil 2.2.2 NiTi faz diyagramı 9
Şekil 2.3.1 Martenzitik kafes dönüşümü 13
Şekil 2.3.2 Uzun periyotlu yığılmada yapı değişimi 15
Şekil 2.3.3 Uzun katmanlı martenzitik kristal yapılar 17
Şekil 2.4.1 Östenit ve martenzit fazlarının sıcaklık serbest enerjiye bağlılık diyagramı 18
Şekil 2.4.2 Lens biçimli martenzit kristali 19
Şekil 2.5.1 Termoelastik ve termoelastik olmayan dönüşümler için histerisizi eğrileri 21
Şekil 2.5.2 Termoelastik martenzit kristallerin gelişimi ve büzülmesi 22
Şekil 2.5.3 Termoelastik martenzitik dönüşüm için direnç-sıcaklık eğrileri 23
Şekil 2.6.1.1 Şekil bellek ısıl işlemi akım şeması 30
Şekil 3.1.1 Yay boyutları 31
Şekil 3.2.1 SMA yay kuvvet-mesafe diyagramı 32
Şekil 3.3.1 Mesafe-potansiyel gerilme histerisiz eğrisi (yorulma peryodu 40 tekrar) 35
Şekil 3.3.2 Mesafe-sıcaklık histerisiz eğrisi (yorulma peryodu 40 tekrar) 35
Şekil 3.3.4 Mesafe-potansiyel gerilme histerisiz eğrisi (yorulma peryodu 80 tekrar) 36
Şekil 3.3.5 Mesafe-potansiyel gerilme histerisiz eğrisi (yorulma peryodu 80 tekrar) 36
Şekil 3.4.2.1.1 (a) Gerinimsiz NiTi yay numunelerin SEM mikro yapı fotoğrafı 500X 38

Şekil 3.4.2.1.1 (b) Gerinimsiz NiTi yay numunelerin SEM mikro yapı fotoğrafı 1000X 38
Şekil 3.4.2.1.2 (a) Numune 2 SEM mikroyapı görüntüsü 500X 39
Şekil 3.4.2.1.2 (b) Numune 2 SEM mikroyapı görüntüsü1000X 39
Şekil 3.4.2.1.3 Numune 2 SEM mikroyapı görüntüsü 5000X kimyasal analiz noktaları 39
Şekil 3.4.2.1.4 (a) Numune 3 SEM mikroyapı görüntüsü 500X 40
Şekil 3.4.2.1.4 (b) Numune 3 SEM mikroyapı görüntüsü 1000X 40
Şekil 3.4.2.1.5 Numune 3 SEM mikroyapı görüntüsü 5000 40
Şekil 3.4.2.1.6 (a) Numune 4 SEM mikroyapı görüntüsü 500X 41
Şekil 3.4.2.1.6 (b) Numune 4 SEM mikroyapı görüntüsü 1000X 41
Şekil 3.4.2.1.7 Numune 4 SEM mikroyapı görüntüsü 5000X kimyasal analiz noktaları 41
Şekil 3.4.2.1.8 (a) Numune 5 SEM mikroyapı görüntüsü 500X 42
Şekil 3.4.2.1.8 (b) Numune 5 SEM mikroyapı görüntüsü 1000X 42
Şekil 3.4.2.1.9 Numune 5 SEM mikroyapı görüntüsü 5000X kiyasal analiz noktaları 42
Şekil 3.4.2.1.10 (a) Numune 6 SEM mikroyapı görüntüsü 500X 43
Şekil 3.4.2.1.10 (b) Numune 6 SEM mikroyapı görüntüsü 1000X 43
Şekil 3.4.2.1.11 Numune 6 SEM mikroyapı görüntüsü 5000X kiyasal analiz noktaları 44
Şekil 3.4.2.1.12 (a) Numune 7 SEM mikroyapı görüntüsü 500X 44
Şekil 3.4.2.1.12 (b) Numune 7 SEM mikroyapı görüntüsü 1000X 44
Şekil 3.4.2.1.13 Numune 7 SEM mikroyapı görüntüsü 5000X kiyasal analiz noktaları 44
Şekil 3.4.2.1.14 (a) Numune 8 SEM mikroyapı görüntüsü 500X 45
Şekil 3.4.2.1.14 (b) Numune 8 SEM mikroyapı görüntüsü 1000X 45
Şekil 3.4.2.1.15 Numune 8 SEM mikroyapı görüntüsü 5000X kiyasal analiz noktaları 45

Şekil 3.4.2.2.1 Geri saçılan elektronlar kullanılarak karanlık bölge faz analizi . 46
Şekil 3.4.2.2.2 Geri saçılan elektronlar kullanılarak aydınlık bölge faz analizi . 46
Şekil 3.4.2.2.3 Geri saçılan elektronlar kullanılarak çökelti yerleşimi ve çökelti faz analizi 46
Şekil 3.4.2.2.4 Geri saçılan elektronlar kullanılarak çökelti analizi 47
Şekil 3.4.3.1 40 çevrim görmüş yayın optik polarize mikroskopta analizi......... 48
Şekil 3.4.3.2 80 çevrim görmüş yayın optik polarize mikroskopta analizi......... 48
Şekil 3.5.1 Pik görüntüleri (EDX)... 49
Şekil 3.5.2 Çevrim sayısının kimyasal analiz sonuçlarına etkisi 55
Şekil 3.6.1 DSC analiz sonucu sıcaklık aralıkları (0 tekrar)(20 °C) 56
Şekil 3.6.2 DSC analiz sonucu sıcaklık aralıkları (40 tekrar) (20 °C) 57
Şekil 3.6.3 DSC analiz sonucu sıcaklık aralıkları (80 tekrar) (20 °C) 57
Şekil 3.7.1 Çekme gerilmesi altında Kuvvet-Uzama Diyagramı (0 tekrar)........ 58
Şekil 3.7.2 Çekme gerilmesi altında Kuvvet-Uzama Diyagramı (40 tekrar)...... 59
Şekil 3.7.3 Çekme gerilmesi altında Kuvvet-Uzama Diyagramı (80 tekrar)...... 59
Şekil 3.8.1 Çekme gerilmesi altında Kuvvet-Uzama Diyagramı (0,40,80 tekrar)60

RESİM LİSTESİ

Resim 3.1.1 Abbe cihazında ölçme 31

Resim 3.3.1 Deney düzeneği 1 33

Resim 3.3.2 Fonksiyonel yorulma deney düzeneği (deney düzeneği 2)............. 34

ÇİZELGE LİSTESİ

Çizelge 2.4.1 Şekil bellek etkisi gösteren alaşımlar için veriler 18
Çizelge 3.1.1 NiTi helisel yay numunenin ölçüleri 27
Çizelge 3.4.2.1.1 Numune 1 çevrim sayısı-potansiyel fark değerleri 34
Çizelge 3.4.2.1.2 Numune 2 (10 çevrim) çevrim sayısı-potansiyel fark 35
Çizelge 3.4.2.1.3 Numune 3 (15 çevrim) çevrim sayısı-potansiyel fark 36

ÖNSÖZ

Metalurji ve Malzeme Mühendisliği eğitimim sırasında tanıştığım ve on üç seneyi aşkın bir süredir üzerinde süreklilikle çalıştığım NiTi esaslı şekil bellekli alaşımların özelliklerinin incelenmesi ile ilgili yazdığım bu kitap, teorik bilgilerin yanı sıra, DSC analizleri, yorulma deneyleri, ışık metal mikroskobu ve SEM-EDS analizlerini içermektedir.

Bu kitabın kaynağı olan doktora tez çalışmama birlikte başladığımız ancak beklenmedik vefatı nedeniyle çalışmaya devam edemediğimiz Prof. Dr. Nişan SÖNMEZ' in katkısını vurgulamak isterim.

Tez danışmanım Prof. Dr. Ahmet EKERİM' in, tez jüri üyelerinin, YTÜ Matematik Mühendisliği Bölümünden Yrd. Doç. Dr. İbrahim EMİROĞLU' nun, Devotrans A.Ş. yetkililerinin yardımlarına ve sevgili ailemin desteğine teşekkür ederim.
Editörlük hizmetlerini profesyonel bir şekilde gerçekleştirerek bu kitabın siz kıymetli okuyuculara sorunsuz bir şekilde ulaşmasındaki samimi ve yoğun çabaları nedeniyle Sayın yayınevi editörü Mikail Col nezdinde tüm TÜRKİYE ALİM KİTAPLARI (TAK) ailesine şükranlarımı sunar, bu eserin tüm okuyuculara faydalı olmasını dilerim, saygılarımla. Tuna ARIN, Eylül 2014.

ÖZET

Bu çalışmada NiTi şekil bellekli alaşımların kimyasal bileşim-ısıl işlem koşulları ve yorulma davranışları incelemiştir. Deney numunesi olarak Ti-% 51 at. Ni alaşımdaki şekil bellekli yay kullanılmıştır. Yayın yorulma davranışları, çekme ve basma gerilmesi altında deneysel ve hesaba dayalı olarak ortaya konulmuştur. Bu amaçla bir deney düzeneği geliştirilmiştir. Bileşim TiNi+$TiNi_3$ faz bölgesindedir. Mikroyapı fotoğraflarında $TiNi_3$ çökeltilerinin yorulma devri artışı ile arttığı gözlenmiştir. Ek olarak deformasyon ile martenzitik varyantlarının oluşumu tespit edilmiştir. Yorulma deneyleri sırasında kuvvet etkisiyle oluşan iğnemsi martenzit kristaller, ısı etkisi altında östenit bölgesinde tamamen yok olmamıştır. Bu yüzden martenzit kristallerinin ısıtma soğutma çevrimi sonunda yüzde ile ifadesi gerekmektedir. Yayın yapısal ve fonksiyonel yorulma davranışında histerisiz eğrileri elde edilmiş, lagrange polimer enterpolasyonu yöntemi kullanılarak eğri aralıkları farklı kuvvet değerlerinde hesaba dayalı olarak teyit edilmiştir.

ABSTRACT

In this study, the chemical composition-heat treatment conditions of NiTi Shape Memory Alloys, and it's fatigue behaviour are investigated. Ti-% 51 at. Ni alloy shape memory helical spring was used in order to test speciment. Fatigue behaviour of helical spring has been showed with experimentally and numerically under tensile and compression stress. A testing unit has been developed for this aim. Chemical Composition of test speciment exhibits the persence of $TiNi+TiNi_3$ phase region. Increasing of $TiNi_3$ precipates as a result of fatigue cycling has been obtained in micrographs. In addition, existance martensitic variables has been detected by deformation. During the fatigue experiment, spear like martensitic crystals, which were generated by application were not disappeared under austenitic region. Therefore, end of the heating and cooling cycle has to be explained with percentage. Hysteresis loops of structural and functional fatigue behaviour of helical spring have been obtained. Loop interspaces have been verified for different forces numerically by using Lagrange polynomial interpolation method.

1. GİRİŞ

Artan yaşam standartlarını karşılamak amacıyla modern teknolojinin ihtiyaç duyduğu yeni malzemelerin geliştirilmesi ya da mevcut malzemelerin özelliklerinin çeşitlendirilmesi araştırma ve geliştirme üzerine çalışan mühendislerin ortak çalışma alanını oluşturmaktadır. Şekil bellekli alaşımlar, belirli bir ısıl işleme maruz kaldıktan sonra eski şekil ve ölçüsüne dönebilme yeteneğini gösteren metalik malzeme grubudur. Genellikle, bu malzemeler nispeten düşük sıcaklıklarda plastik olarak deforme edilebilir ve daha yüksek sıcaklıklara maruz kaldıklarında deformasyon öncesi şekillerine dönebilirler (Smith,1996 ve Hodgson vd., 1992). Şekil bellek etkisi Martenzitik faz dönüşümü olarak bilinen kristalin bir faz dönüşümünün özel bir şekilde ortaya konuluşudur. Bu durum kafes yapısının belirli bir sıcaklıkta aniden değiştiği katı hal faz dönüşümüdür (Bhattacharya, 2003). Eğer çelik yüksek sıcaklıktaki östenitik fazdan ani olarak soğutulursa (su verme) genellikle sertleşir. Parlatma ve dağlama sonrasında, ismi ilk olarak Alman metalurjist Adolf Martens tarafından "martenzit" olarak verilen ve mikroskopta oldukça ince taneler halinde görülen bir yapı elde edilir. Bu yapı atomik difüzyon olmaksızın gerçekleşen kafes dönüşümünün bir sonucudur. Kübik yüzey merkezli kafese sahip östenit, makro manada lens ya da masif görünümlü bölgeler içeren kübik hacim merkezli veya tetragonal hacim merkezli kafeslere dönüşür. Oluşan kristal martenzit kristali ve atomik difüzyonsuz kafes dönüşümü ise martenzitik dönüşüm (MT) olarak anılır. Martenzitik dönüşüm basitçe, koordineli dönüşümün sonucunda oluşan burulma gerilmesini anlatan bir dönüşüm olarak tanımlanabilir (Schimizu ve Tadaki, 1987).

Şekil bellek etkisi ilk olarak Chang ve Read (1951) tarafından Au-Cd alaşımlarında incelenmiştir ve sınırlı sayıda alaşım sisteminde görülen bir davranıştır (Higgins, 1993). 1965 yılında A.B.D Donanma Donanım Laboratuarlarında ilk şekil bellekli Nikel Titanyum alaşımı keşfedildiğinde, NiTiNOL adı altında patentlenmiştir (Ball, 1999). Şekil Bellekli Alaşımların çok geniş kullanım bulmasını sağlayan birçok eşsiz özelliği vardır. Düşük bir sıcaklıkta NiTi alaşımında % 8 civarı gerinim geri kazanımı elde edilebilir (Otsuka ve Wayman, 1999). Ancak Buehler ve arkadaşları (1962) eşatomik NiTi alaşımındaki etkileri keşfettiklerinde, hem metalurji hem de pratik kullanımda ciddi kazanımlar sağlamıştır (Hodgson vd., 1992). Şekil bellekli alaşımların bilinen ilk kayda girmiş büyük çaptaki kullanımı 1971 yılında, Grumman F–14 savaş uçaklarında ki Titanyum hidrolik tüpleri birbirine bağlayan bağlantı elemanları (coupling) olarak kullanımıdır (Otsuka ve Wayman, 1999). Bununla birlikte önemli bir kullanım alanı da uyarıcılardır. Şekil bellekli devre uyarıcılarının (actuators) güç-ağırlık oranı çok yüksektir. Ayrıca küçük boyutta imalat ve düşük güç tüketimi şekil bellekli uyarıcıların göze çarpan özellikleridir. Bu tip uyarıcılar mikro pensler ve medikal aygıtlarda kullanıma oldukça uygundur (Jun vd., 2004). Ayrıca helisel yaydan yapılmış frenleme sistemleri (Szilagy, 2005), yapılarda sismik güvenlik barları (Dolce ve Cardone, 2001), mikro elektromekanik esaslı ısı üreteçleri (Kirkpatrick vd., 2006), indüktif ısıtma devre uyarıcıları (Webster, 2006), kimyasal buhar çöktürme metodu ile şekil bellek etkisi kazandırılmış uyarıcı parçalar (Villhard, 2004) ile ortodontik teller ve köprüler (Chen vd., 2005) uygulama örnekleridir.

Şekil bellekli alaşımlar yüksek korozyon dayanımı, aşınma direnci ve yüksek elektrik direnci ile yorulma ömürlerinin sonuna kadar birçok defa kullanım imkânı gösterirler. Bu özellikler kimyasal kompozisyona, işlem geçmişine ve empürite oranına bağlıdır. Oksijen ve karbon gibi empüriteler NiTi şekil bellekli alaşımların özelliklerini önemli ölçüde etkiler. Bunların penetrasyonu genellikle üretim ya da işlem sırasında oluşur. Ticari üretim işlemi genellikle yüksek vakum altında indüksiyon ergitmesi ile olur. Şekil bellekli alaşımlarda vakum indüksiyon ergitmesi genellikle mükemmel kimyasal homojeniteye sebep olur (Mehrabi vd., 2006).

Tabiattaki tüm nesnelerin olduğu gibi atomların da koordinasyon değişimine karşı gösterdikleri bir direnç vardır. Bu direnç faz dönüşümleri sırasında ısıtma-soğutma çevrimi esnasında ölçülebilir belirginlikte görülürler. Şekil bellekli alaşımların karakterleri gereği kendiliğinden gerilme üretebilmeleri en gözde özelliklerindendir.

Bu özellikleri sebebiyle deforme edilen östenitik fazdaki malzemenin martenzit fazına geçişi sırasında, aynı ısıtma-soğutma çevriminde olduğu gibi atomların adeta askeri bir disiplin içerisinde, koordineli dönüşümü sırasında da gösterdikleri bir direnç vardır. Bu nedenle ister ısıtma-soğutma ile ister deformasyonla oluşturulan çevrim sonunda gerçekleşen östenit-martenzit faz dönüşümünde ısıl, gerilme-gerinim, elektriksel gerilme veya mesafe değişimleri ile beliren dirençler yani histerisizler görülür (Ortin ve Delaey, 2002; Yan vd., 2002; Helm ve Haupt, 2002; Seelecke, 2002; Brinson vd., 2004).

Çok eksenli yükleme altında TiNi şekil bellekli alaşımın faz dönüşümünde genellikle dengesiz mekanik davranış ve kısmi yayınmalar görülür. Dengeli olmayan deformasyon ve sıcaklık bilgileri ile karakterize edilir (Pieczska vd., 2006). Şekil bellekli alaşımlar gerilme üreten martenzitik dönüşüm ve gerinim üreten martenzitin yeniden oryantasyonundan dolayı oluşan yüksek mekanik sönümleme kapasitesine sahiptir (Xie vd., 1989). Eğer şekil bellekli alaşımlar, bir uyarıcının çalışan bir elemanı olarak, bir robot ya da ısı makinesinde kullanılıyorsa (katı hal), şekil bellekli alaşımların yorulma ömrü bu aygıtların geliştirilmesinde önemli bir problem haline gelir. NiTi şekil bellekli alaşımlarda yorulma limiti, tane boyutunun küçük olması sebebiyle yüksektir (Tobushi vd.,1997). Malzemelerin yorulması tekrarlı gerinim veya yükleme sonucunda özelliklerindeki değişimi tanımlar. Yorulma zamanlarının araştırılması çok öncelere uzanır. Yorulma terimi ve yorulma davranışının teknik önemi 19. yy. ortalarında Wöhlerin meşhur S-N temel fikri yayınlandığında ortaya çıkmıştır. Metal yorulması hakkında malzeme bilimi araştırmaları Bauschinger Masing' in çalışmaları ile başlamış, neden yorulma genellikle çekme basma asimetrisi ile alakalıdır sorusunu cevaplamışlardır. Birçok başka araştırmacılar yorulma alanına katkı sağlayarak yorulma ömrünün gelişimine katkı sağlamış ve bugün yapısal yorulmanın temeli iyi anlaşılır hale gelmiştir. Periyodik yükleme altındaki farklı mühendislik malzemelerinin davranışları genellikle karmaşıktır ve malzeme dayanımı, mikroyapıları, yüzey kaliteleri ve yorulma yüklemesi tipine bağlıdır. Yorulmayı yapısal yorulma ve fonksiyonel yorulma olarak iki alt başlık altında incelemek gerekir. Yapısal yorulma ile şekil bellekli alaşımların yüksek tekrarlı yükleme altında tıpkı diğer mühendislik malzemelerinde olduğu gibi hasara uğramaları kast edilmektedir. Ancak normal mühendislik malzemelerinden farklı olarak şekil bellekli alaşımlar farklı özellikleri farklı sıcaklık kademelerinde gösterir. Fonksiyonel yorulma tekrarlı yorulma sırasında şekil bellekli alaşımların fonksiyonel özelliklerindeki kayıptır (Bir kademede dönüşen uygulamalardaki işletilebilir yer değişimi veya sanki elastik sönümleme uygulamalarındaki harcanır enerji). Bazı uygulamalar için yorulma ömrü yaklaşık verilebilir, ısıl valfler için 10^4, ortodontik teller için 10^5, robot tutucular için 10^6 ve sönümleyiciler için 10^8 gibi (Egeler vd., 2003). Enterpolasyon yöntemi bilinmeyen bir fonksiyonun bilinen noktalarından faydalanılarak, bilinen bir fonksiyon elde etmek olarak özetlenebilir. Literatürde Langrange yöntemi kullanılarak teorik ve nümerik analiz ile modelleme ilk olarak Moumni vd. (2007) tarafından kullanılmıştır. Bu yöntemle histerisiz aralıklarının yüksek çevrimlerdeki durumu farklı kuvvet değerleri için ortaya konulabilmektedir.

Deneyler kısmında, NiTi esaslı şekil bellekli alaşımdan üretilmiş olan yayın yorulma davranışı ve yay sabitinin belirlenmesi gibi malzeme karakteristiğini ortaya koyacak deneyler yapılmış, yay sabiti ve histerisiz eğrileri belirlenmiştir. Yorulma deneyleri sırasında belirli aralıklarla mikroyapılar kontrol edilerek sıcaklık ve basma gerilmesi altında malzemenin içyapısında oluşan değişiklikler incelenmiştir. Şekil bellekli alaşımdan üretilmiş yayın yay sabiti çelik yayla mukayese edilmiş, martenzitik ve termoelastik martenzitik durumlar açıklanmıştır. Yorulma davranışı belirlenirken değişken sıcaklıklarda durum incelenmiştir. Söz konusu yaydan ısıl değerlerin elde edilebilmesi için Pt-RhPt termoelement ve buna bağlı bir yazıcı kullanılmıştır. Histerisiz eğrileri hem çekme hem de basma gerilmesi altında çıkarılarak mekanik davranış incelenmiştir. NiTi malzemenin kimyasal bileşimini belirlemek amacıyla EDS analizleri yapılmış, söz konusu kimyasal bileşimdeki yayın östenit ve martenzit dönüşüm sıcaklıklarının belirlenmesi için de DSC (Diferansiyel tarama kalorimetresi) (ASTM, 2004) ölçümleri gerçekleştirilmiştir. Yapılan deneyler ışığında malzemenin yapısal ve fonksiyonel yorulma davranışları incelenmiş sonuçlar irdelenerek karakteristiği ortaya konulmuştur. Yorulma Deneyleri sonunda histerisiz aralığının belirlenebilmesine ve hesaba dayalı olarak doğrulanabilmesine olanak sağlayacak bir bilgisayar programı yapımı hedeflenmiş bu amaçla lagrange polinom enterpolasyonu kullanılarak bir matematiksel model oluşturulmuştur. Söz konusu model ile çekme deneylerinde elde edilen histerisiz eğrileri sonuçları teyit edilmiştir.

2. ŞEKİL BELLEKLİ NiTi ALAŞIMLARI

2.1. Genel

Nikel titanyum bimetalik alaşım sisteminin orijini, eş atomik intermetalik NiTi bileşimidir. İntermetalik bileşik oluşumu nadir görülen bir durumdur, çünkü ortam fazla nikel veya titanyum için orta oranda çözünürlüğe sahiptir. Bu çözünürlük, sistemin mekanik özellikleri ve dönüşüm özelliklerini iyileştirecek birçok elementle alaşımlamaya müsaade eder. Artık nikel, dönüşüm sıcaklığını oldukça düşürür ve östenitik fazın çekme mukavemetini yükseltir. Diğer sık kullanılan alaşımlama elementleri, demir ve krom dönüşüm sıcaklığını düşürür, bakır histerisiz aralığını ve martenzitin deformasyon gerilimini azaltır. Oksijen ve karbon gibi genel safsızlık elementleri dönüşüm sıcaklığını değiştirebilir ve mekanik özellikleri kötüleştirebilir, bu elementlerin miktarını azaltmak arzulanır (Hodgson vd., 1992).

Martenzitik dönüşümler katı hal yapısal değişimleridir. Bu dönüşümler, uzun mesafeli atomik yayınım içermeyen, kayma benzeri atomik yer değişimleri ile oluşan yer değiştirici dönüşümlerdir. Bu tip dönüşümlerde atomlar koordineli olarak yer değiştirir, bu yer değişimi; Homojen kafes deformasyonu, atom düzenlenmeleri, homojen olmayan deformasyon ve kafes düzenlenmelerinin birleşimidir. Kafes deformasyonu ile atomların koordineli hareketi, bir Bravais kafesini diğerine dönüştürür. Bain çarpılması olarak adlandırılan kafes deformasyonu şematik olarak Şekil 2.1.1 de verilmiştir (Bor, 1998).

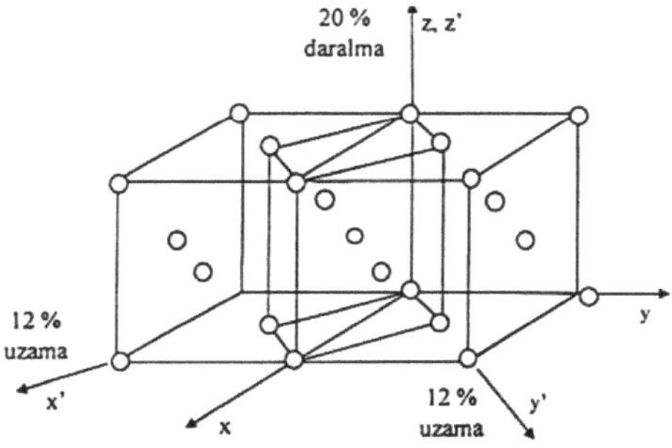

Şekil 2.1.1 Bain tarafından ortaya konan demir esaslı alaşımlarda görülen KYM-KHM(THM) martenzit dönüşümü için kafes ilişkisi ve çarpılması (Cohen ve Wayman, 1981)

Şekil bellekli alaşım martenzitik halde M_f sıcaklığının altında deforme edilir. Martenzit deformasyonu, martenzit plakalarının gerilme ve büzülmesi ile olur. A_s üzerine ısıtılırken, martenzit östenitik faza dönüşmeye ve daha önce yapılmış deformasyonu yeniden kazanmaya başlar. A_f sıcaklığının üzerinde şekil bellekli alaşım tamamen östenitik faza dönüşür ve uygulanan deformasyon tam olarak giderilir. Şekil 2.1.2 sıcaklık değerlerini tanımlar (Potluri,1999).

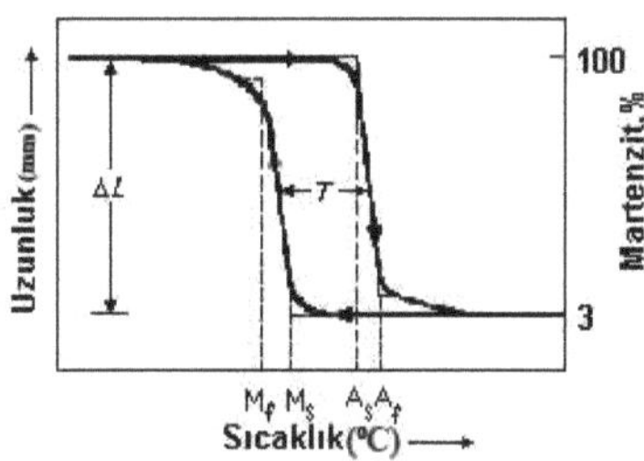

Şekil 2.1.2: Sabit yük (gerilme) altında numune ısıtılıp soğutulurken sıcaklık dönüşüm eğrisi, T: Dönüşüm histerisiz aralığı (Hodgson vd., 1992)

Yüksek sıcaklıktaki durumdan düşük sıcaklığa dönüşümde (martenzitik dönüşüm) malzemenin, uzunluğu, hacmi ve elektriksel iletkenliği gibi birkaç özelliğinde değişiklikler meydana getirir. Sıcaklık yükselince martenzitten östenite geri dönüşüm meydana gelir, ancak bu dönüşümün gerçekleşmesi için sıcaklığın martenzitik dönüşüm sıcaklığından daha yüksek bir sıcaklıkta olması gerekir. Dönüşüm sıcaklığındaki bir düzeyden diğer düzeye değişim sırasında oluşan bu farklılık (Şekil 2.1.3) "histerisiz " olarak adlandırılır (Ball, 1999).

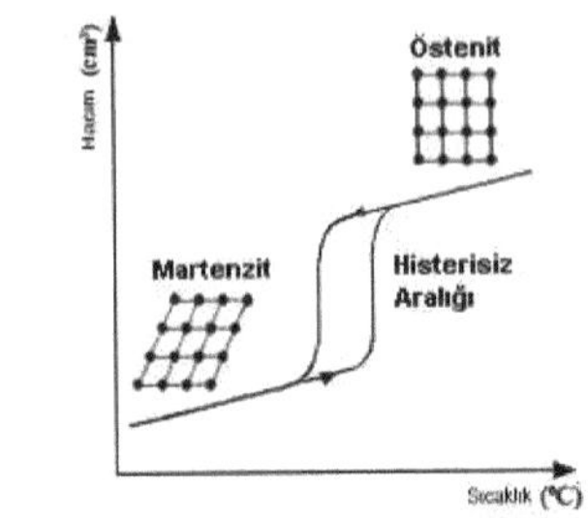

Şekil 2.1.3: Şekil hafızalı alaşımların yeniden biçim alma davranışları, yüksek sıcaklıktaki östenit ve düşük sıcaklıktaki martenzit arasındaki dönüşüm histerisizi. (Ball, 1999)

Bu özellikler kullanılarak şekil bellekli alaşımlarla sensorlar ve kuvvet üreteçleri yapılabilir (Tobuhi, Hachisuka, Hashimoto, Yamada, 1998). NiTi eş atomlu temel ikili sistemlerinin ana fiziksel özellikleri ve alaşımın tavlanmış, durumdaki bazı mekanik özellikleri yaklaşık 100°C' lik bir A_f değeri için şöyle özetlenebilir; Ergime Sıcaklığı 1300^0C, yoğunluk 6.45 g/cm^3, elektriksel direnç 100 µΩ.cm (östenit)-70 µΩ.cm (martenzit), Isıl iletkenlik 18 W/m.^{0}C (östenit)- 8,5 W/m.^{0}C (martenzit), Korozyon direnci 300 serisi paslanmaz çeliğin ya da titanyum alaşımlarının değerleri ile aynı, Young modülü 83 GPa (östenit)-28–41 GPa (martenzit), Akma mukavemeti 195–690 MPa (östenit)-70–140 MPa (martenzit), Çekme Mukavemeti 895 (MPa), Dönüşüm sıcaklığı -200 den 110' a kadar (Hodgson vd., 1992).

Bazı hallerde % 50'den fazla uygulanan soğuk şekillendirmede görülen sertleşme uygun bir gerilim giderme tavı ile gerilme rahatlamasını büyük miktarda sağlayabilir, martenzit deforme edildiğinde östenite daha çok mukavemet verir ve malzeme ısıtma ve soğutma ile (iki kademede dönüşüm gösteren şekil bellek) şekil değiştirir (Hodgson vd., 1992).

2.2. Faz Diyagramı

Faz diyagramı, martenzitik olanlarda dâhil tüm faz dönüşümlerini açıklar. Ayrıca alaşımın fiziksel özelliklerini geliştiren mikroyapıyı kontrol etmek gereklidir. Uzun zaman netleştirilemeyen ve en sonunda tam olarak tespit edilen Ti-Ni ve Ni-Al alaşım sistemlerinin faz diyagramları önemlidir. Çünkü şekil bellekli alaşımların şekil bellek karakteristiklerini geliştirmek için faz diyagramlarından etkin şekilde faydalanılır (Otsuka ve Ren, 1999).

Eşatomik Ni-Ti şekil bellekli alaşımları üç farklı fazı gösterir, CsCl yapısındaki (50:50 kompozisyon oranına sahip ara yer atomlu alaşımlar) B2 fazı, Monoklin B19' fazı ve rombik R fazı. Genellikle B2 fazı östenitik fazı, B19' fazı martenzitik fazı tanımlar. Bu fazlar arasında üç dönüşüm mümkündür;

B2↔ B19' Monoklin (M), B2↔Rombik (R) ve Rombik(R) ↔ B19' Monoklin (M)

Her üç dönüşümde martenzitik dönüşümlerin tamamında olan kafes değişimini gösterir (Kim vd., 2003). Bu dönüşümler sırasında, yüksek sıcaklıkta, östenit martenzit oranından bahsetmek gerekir çünkü dönüşümler gerçekleşirken mutlaka yapıda Şekil 2.2.1' de görüldüğü gibi belirli bir oranda dönüşüme uğramayan miktar korunur (Meier H. ve Oelschlaeger L., 2003).

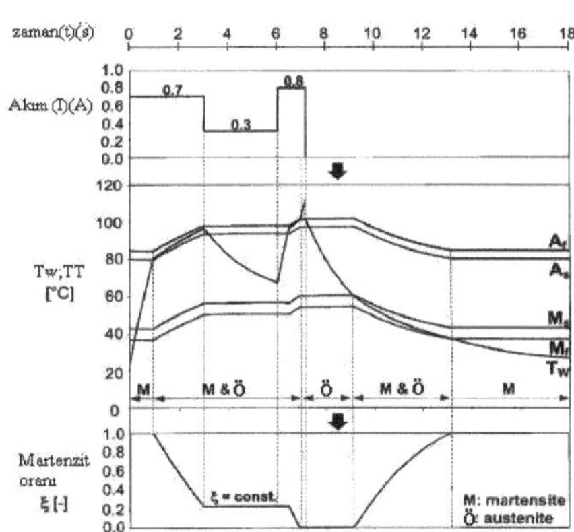

Şekil 2.2.1: Isıtma soğutma sırasındaki martenzit yüzdesi değişiminin simülatif oranı (Meier H. ve Oelschlaeger L., 2003)

Massalski (1990) tarafından kısa süre önce ortaya konan ve yazarlar tarafından modifiye edilen faz diyagramı Şekil 2.2.2.' de görülmektedir.

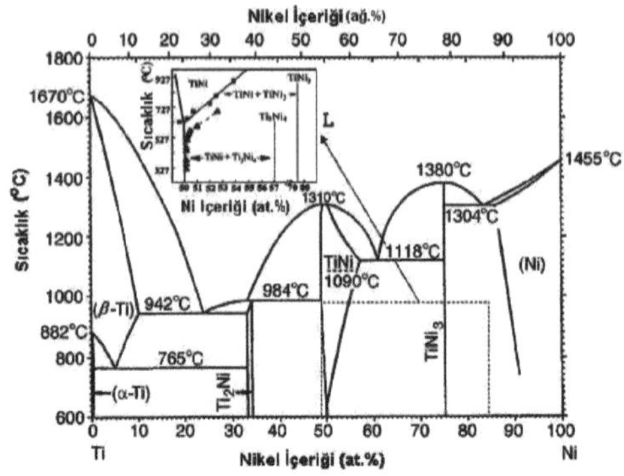

Şekil 2.2.2 NiTi faz diyagramı (Otsuka ve Ren, 1999)

Faz diyagramında Ti_2Ni ve $TiNi_3$ fazlarının sınırladığı TiNi fazını içeren ve martenzitik olarak B2 den B19' a dönüşen merkezi bölge incelenmelidir. Faz diyagramı üzerine ilk tartışma Duez ve Taylor (1950) ile Margolin (1953) arasında başlamıştır. Duez ve Taylor TiNi in Ti_2Ni ve $TiNi_3$' e 650 °C civarında ötektoid dekompozisyonla dönüştüğünü iddia etmiş, Margolin ise dekompozisyon iddiasını reddetmiş ve TiNi in geniş çözünürlük sınırının düşük çevre sıcaklığında olduğunu öne sürmüştür. Ardından, Poole ve Hume-Rothery (1954) faz diyagramlarıyla alakalı deneyler yapmıştır. Titanyum' ca zengin kısımdaki çözünürlük sınırının oldukça dikey olduğunu bu esnada nikel' ce zengin kısımda sıcaklığın azalması ile çözünürlüğün hızla düştüğünü bulmuştur. Wasilenski ve çalışma grubu (1971) TiNi ve $TiNi_3$ fazları arasında Ti_2Ni_3 yeni faz bölgesini bulmuş ve 625 °C de peritektoid reaksiyon olduğunu öne sürmüştür. Ancak bu reaksiyon asla onaylanmamıştır. Bu arada, Koskimaki ve çalışma grubu (1969) şimdi Ti_3Ni_4 fazı olarak bilinen, X fazını bulmuş, X-fazının; Ti_3Ni_4 ve $TiNi_3$' e dekompozisyon öncesi bir ara faz olduğu iddia edilmiştir. Böylelikle faz diyagramını anlamak daha karmaşık hale gelmiştir. Nishida ve arkadaşlarının metalografi, elektron mikroskobisi ve EDS (Enerji yayınımlı X ray spektroskopisi) kullanarak yaptıkları geniş çalışmadan sonra ortak bir anlayış geliştirmiştir. Detaylı, TTT diyagramları oluşturularak, $TiNi_3$ fazının denge fazı olduğunu, Ti_3Ni_4 ve Ti_2Ni_3 fazları, $TiNi_3$' e göre ara fazlar olduğundan ve yaşlanma zamanına göre şöyle bir oluşumun gerçekleştiğini göstermişlerdir: $Ti_3Ni_4 \rightarrow Ti_2Ni_3 \rightarrow TiNi_3$ (Otsuka ve Ren, 1999).

Böylelikle, ötektoid dekompozisyon (bir katı eriyiğin iki farklı katı faza ayrışması) fikri çürütülmüş ve güncel faz diyagramı sağlanmış olur. X fazının kompozisyonu ve Ti_3Ni_4 fazının yapısı uzun zamandır belirsiz olmasına rağmen, yukarıda anlatılan sebeple bu problem çözülmüştür. Yapının rombik kafes sistemine sahip R3 grubuna bağlı olduğu anlaşılmıştır (Otsuka ve Ren, 1999).

NiTi faz diyagramı, bu en önemli şekil hafızalı alaşımın şekil hafıza karakteristiğini geliştirmek için yaygın olarak kullanılır. Örneğin nikel' ce zengin tarafta ince dağılmış Ti_3Ni_4 çökeltileri şekil hafıza ve süperelastik karakterlerini geliştirmede çok etkilidir. Ayrıca şekil bellekli alaşımların iletici uygulamalarında çok küçük sıcaklık histerisizlerinde (1-2 K) oldukça kullanışlı olma özelliği veren R-fazı dönüşümünü sağlamak için kullanılırlar. R fazı rombik kafes sisteminde bir fazdır (Liu vd., 2004). R fazı östenit ve martenzit fazları arasında oluşur (Liu vd., 2003). Genellikle soğuk işlem sonrasında oluşan bir dönüşümle elde edilen bir fazdır (Sittner vd., 2004). Nikel' ce zengin NiTi alaşımlarında R fazının oluşumu, düşük sıcaklıkta oluşup çözelti içine giren metastabil Ni_4Ti_3 çökeltilerine bağlıdır (Somsen vd., 1999). R fazı dönüşümünde sıcaklık histerisizinin dikkat çekmeyecek kadar düşük olması sebebiyle oluşan entalpi değerinin düşük olması birçok endüstriyel uygulamalarda avantaj sağlar (Stroz, 2002). Ayrıca dizilmiş çökeltiler malzemenin tümünde şekil belek etkisini gerçekleşmesini de sağlar. Öte yandan, Ti_2Ni fazı ile çökelme sertleşmesi, titanyumca zengin tarafta, kalın malzemelerde, çözünebilirlik limiti neredeyse dikey olduğu için kullanılmaz. Buna rağmen, kristalizasyon sonrası, B2 ana fazının direkt olarak amorf fazdan oluştuğu pülverizasyonla çökelme uygulanmış filmlerde, Ti amorf bölgede hiç çözünmemesine rağmen çökelme setleşmesinde Ti_2Ni fazı çökeltilebilir (Otsuka ve Ren, 1999).

2.3. Deformasyonu tarif eden lineer cebirsel tanım

Deformasyon doğrusalken, şu eşitlikle temsil edilir.

$$\begin{pmatrix} x_2 \\ y_2 \\ z_2 \end{pmatrix} = \begin{pmatrix} a_{11} & a_{12} & a_{13} \\ a_{21} & a_{22} & a_{23} \\ a_{31} & a_{32} & a_{33} \end{pmatrix} \begin{pmatrix} x_1 \\ y_1 \\ z_1 \end{pmatrix} \quad (2.1)$$

Bu matris kapalı formül olarak, $r2=Ar_1$ (2.2) şeklinde yazılır.

Burada A, aij matrisini gösterir. Eşitlik 2.1 kullanılarak A matrisi operatörken herhangi bir r_1 vektörü, r_2 vektörüne dönüşebilir. Dönüşümde lineer cebir kullanırken, koordinat dönüşümü yapmak gereklidir, çünkü farklı yapılardaki östenit ve martenzit fazından söz edilmektedir. Herhangi bir kristal sisteminde koordinat dönüşümü için önemli bazı formüller vardır. Temel vektörle a,b,c (buna eski sistem denir) ve A,B,C dir (buna yeni sistem denir). Eksenel sistemler kullanılarak eşitlik (2.3) yazılabilir. Sonra a,b,c' yi A;B;C' nin bir fonksiyonu olarak eşitlik (2.3) de yazarsak, eşitlik (2.4) elde edilir. Bu eşitlikler uzayda (matris) eski ve yeni eksen sistemler arasındaki ilişkiyi gösterir. Ayrıca, benzer eşitliklerin eşitlik (2.5) ve (2.6)'da gösterildiği gibi ortak uzayda olduğu görülebilir. Burada a^*,b^*,c* ortak uzayda temel vektörleri a,b,c, ye uygun olarak bulunur ve A^*, B^*, C^* içinde geçerlidir (s,t matris katsayıları).

$$A= s_{11} a + s_{12}b + s_{13}c$$
$$B= s_{21} a + s_{22}b + s_{23}c \qquad (2.3)$$
$$C= s_{31} a + s_{32} b + s_{33}c$$
$$a= t_{11}A + t_{12} B + t_{13}C$$
$$b= t_{21}A + t_{22} B + t_{23}C \qquad (2.4)$$
$$c= t_{31}A + t_{32} B + t_{33}C$$
$$A^* = t_{11}a^* + t_{21} b^* + t_{31}c^*$$
$$B^* = t_{12} a^* + t_{22} b^* + t_{32}c^* \qquad (2.5)$$
$$C^* = t_{13}a^* + t_{23} b^* + t_{33}c^*$$
$$a^* = s_{11} A^* + s_{21} B^* + s_{31}C^*$$
$$b^* = s_{12} A^* + s_{22} B^* + s_{32}C^* \qquad (2.6)$$
$$c^* = s_{13} A^* + s_{23} B^* + s_{33}C^*$$

Ayrıca açık ve ortak uzaydaki keyfi vektör bileşenlerinin önemli diğer matrisleri şöyledir;

$$\begin{pmatrix} x \\ y \\ z \end{pmatrix} = \begin{pmatrix} s_{11} & s_{12} & s_{13} \\ s_{21} & s_{22} & s_{23} \\ s_{31} & s_{32} & s_{33} \end{pmatrix} \begin{pmatrix} X \\ Y \\ Z \end{pmatrix} \quad (2.7)$$

eski **A B C** yeni

$$\begin{pmatrix} H \\ K \\ L \end{pmatrix} = \begin{pmatrix} s_{11} & s_{12} & s_{13} \\ s_{21} & s_{22} & s_{23} \\ s_{31} & s_{32} & s_{33} \end{pmatrix} \begin{pmatrix} h \\ k \\ l \end{pmatrix} \quad (2.8)$$

yeni eski

Burada xyz ve XYZ yön ve hkl ve HKL ortak düzlem. Bir vektör veya düzlem için koordinat dönüşümü uygulanırsa operatörde aşağıda verilen benzer dönüşüme uğrar.

$\bar{A}=R^{-1}AR$ veya $A=RAR^{-1}$ (2.9)

$\bar{A} = R^T AR$ veya $A= R A R^T$ (R dikey (orthogonal) olduğunda) (2.10)

A eski sistemde, $\bar{A}$ ise yeni sistemde operatördür, R matris rotasyonu, R^{-1} ,R matrisinin tersi ve R^T matrisinin transposudur. Martenzitik kristalografisinin hesaplamalarında genellikle benzerlik dönüşümü kullanılır. Operatörler bu hesaplamalarda sıkça östenit fazını temsil eder (Otsuka ve Wayman,1999).

Martenzit kristalinin ana kristalden difüzyon olmaksızın nasıl elde edildiği şu şekilde açıklanabilir; Tipik bir örnek olarak gayet iyi bilinen çeliklerdeki KYM-THM dönüşümü ele alındığında, Şekil 2.3.1(a), iki KYM kafesinde belirtilen, eksenel oranın c/a $=\sqrt{2}$ olduğu THM' yi gösterir. Böylece, şekildeki x ve y eksenleri uzayarak ve z ekseni daralarak c/a martenzitin değeri olur ve THM martenziti yaratılmış olur. (Şekil 2.3.1(b)). Mekanizma bir alaşımdan diğerine değişmesine rağmen, her zaman için östenitten martenziti oluşturmak; uzama, daralma ve bir yönde kayma' nın kombinasyonları ile mümkündür. Eğer KYM kafesin kafes parametresi a_o ve THM' in parametreleri a ve c ise, kafes deformasyonu matrisi XYZ eksenlerine riayet edilerek denklem 2.11 de şöyle gösterilebilir,

$$B=\begin{matrix} \frac{\sqrt{2a}}{a_o} & 0 & 0 \\ 0 & \frac{\sqrt{2a}}{a_o} & 0 \\ 0 & 0 & \frac{c}{a_o} \end{matrix} \quad (2.11)$$

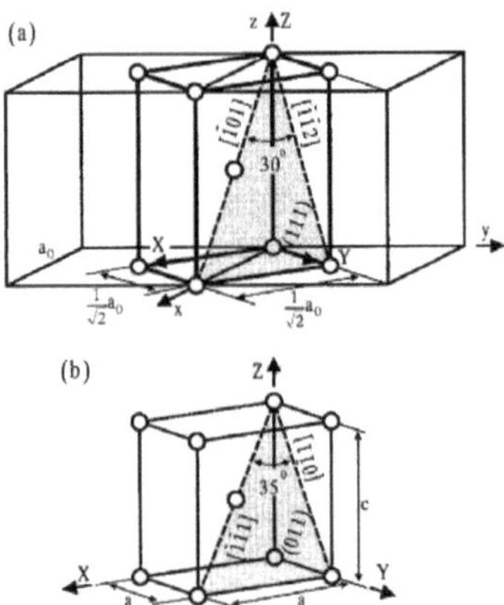

Şekil 2.3.1. Bain tarafından ortaya atılan yüzey merkezli kübik-hacim merkezli tetragonal (veya kübik) dönüşüm mekanizması.(a) xyz, yüzey merkezli kübik kafeste kristal eksenlerini ve (b) XYZ, bu eksenlerin tetragonal hacim merkezli martenzit teki durumunu gösterir (Otsuka ve Wayman,1999).

Benzerlik dönüşümünü kullanılarak, kafes deformasyon matrisi (B) östenitik kafes (şekil 2.3.1 (a) daki xyz eksenlerine sahip kafes) göz önüne alınarak eşitlik 2.12 ile açıklanır,

$$B = R\,\overline{B}\,R^T$$

$$B=\begin{pmatrix} 1/\sqrt{2} & 1/\sqrt{2} & 0 \\ -1/\sqrt{2} & 1/\sqrt{2} & 0 \\ 0 & 0 & 1 \end{pmatrix}\begin{pmatrix} \sqrt{2}a/a_o & 0 & 0 \\ 0 & \sqrt{2}a/a_o & 0 \\ 0 & 0 & c/a_o \end{pmatrix}\begin{pmatrix} 1/\sqrt{2} & -1/\sqrt{2} & 0 \\ 1/\sqrt{2} & 1/\sqrt{2} & 0 \\ 0 & 0 & 1 \end{pmatrix} \quad (2.12)$$

Önemli bir başka bilgide, kafes deformasyonu ile ilişkilendirilerek verilen "kafes uyumudur". Martenzitik dönüşümün difüzyonsuz olmasından dolayı, östenit ve martenzit fazları arasında, yönler ve düzenlerde birebir uyuşma vardır. Şekil 2.3.1' den ö ve m östenit ve martenziti temsil ederken, $[1/2\ \overline{1/2}\ 0]_{Ö}$ ve $[1/2\ 1/2\ 0\ ]_{Ö}$,$[100]_M$ ve $[010]_M$' ifadeleri yazılabilir. Östenit fazdaki herhangi bir $[x\ y\ z]_ö$ ve $(hkl)_ö$ vektörünün, martenzitteki hangi $[XYZ]_m$ ve $(HKL)_m$ vektörüne uyum gösterdiği buradaki ana (koordinat dönüşümü) problemdir.

xyz ve XYZ sistemi arasındaki dönüşümü Şekil 2.3.1 b' den yazmak basittir. (a)' daki XYZ sisteminden (b)' deki sistemine dönüşürken kafes değişimi (kafes deformasyonundan kaynaklanan) oluşur, fakat miller indisleri bu dönüşümde sabittir. Elde edilen koordinat dönüşümünün eşitliği 2.13 aşağıda verilmiştir.

$$\begin{pmatrix} x \\ y \\ z \end{pmatrix} = \begin{pmatrix} 1/2 & 1/2 & 0 \\ -1/2 & 1/2 & 0 \\ 0 & 0 & 1 \end{pmatrix} \begin{pmatrix} X \\ Y \\ Z \end{pmatrix}, \quad \begin{pmatrix} H \\ Y \\ L \end{pmatrix} = \begin{pmatrix} 1/2 & -1/2 & 0 \\ 1/2 & 1/2 & 0 \\ 0 & 0 & 1 \end{pmatrix} \begin{pmatrix} h \\ k \\ l \end{pmatrix} \quad (2.13)$$

eski yeni yeni eski

Bu eşitliklerden, $[\bar{1}01]_Ö$' in $[\bar{1}\bar{1}\bar{1}]_M$' ye $[\bar{1}\bar{1}2]_Ö$' in $[0\bar{1}1]_M$' ye ve $(111)_Ö$' in $(011)_M$' ye uyum gösterdiği bulunur (Otsuka ve Wayman,1999).

Kafes uyumu ile ilgili bir başka bilgide uyum varyantıdır. Şekil 2.3.1' de, z eksenini martenzitin c ekseni olarak seçildiğinde x ve y eksenleri de, martenzitin c ekseni olarak seçilebilir. Böylece, üç uyum varyantı KYM-THM dönüşümünde mümkündür (Otsuka ve Wayman,1999).

Değişik martenzitik dönüşümlerde birçok yapı değişimi vardır, β fazı alaşımları önemlidir. Bunlar; Au-Cd, Ag-Cd, Cu-Al-(Ni), Cu-Zn-(Al) gibi β fazı alaşımlarıdır ve elektron/atom oranı ile tanımlanırlar, KHM veya düzenli KHM yapıları sınırında konumlandığından kararlı hale gelirler. Düzenli KHM yapılar genellikle B2 tipi veya DO_3 (Kafes dizilimi Cu_3Al alaşımı gibi olan düzenli yapılar) tipidir. Sıcaklığın düşürülmesi ile, bu düzenli KHM yapılar martenzitik değişimle sıkı paket haline gelirler. Bunlar; iki boyutlu sıkı paket düzenli (bazal düzen) "uzun periyot yığılma düzenli yapı" olarak adlandırılırlar. Gibbs serbest enerjisindeki entropi düşük sıcaklıkta çok küçük bir değere geldiğinde, iç enerji azalması artar. Nishijama ve Kojiwara (1963)' nın araştırmasına takiben Şekil 2.3.2' yi kullanarak B2 tipi östenit için yapı değişimi tanımlanmıştır, DO_3 tipi östenit içinde durum benzerdir. B2 tipi östenit faz yapısı Şekil 2.3.2 (a)' da görülmektedir. Bu yapı $(110)_{B2}$ düzleminde yığılmış $A_1B_1A_1B_1$.... düzeninde Şekil 2.3.2 (b)' deki gibi görülebilir. Martenzitik dönüşüm sırasında $(110)_{B2}$ düzlemi Şekil 2.3.2 (c) de birçok $(001)_m$ düzlemi sıkı paketinde görülebilir; $(001)_{B2}$ için boyunca daralma ve $(110)_{B2}$ boyunca uzama sonunda açı 70° 32′dan 60°'ye yaklaşır. Bir kez düzlem Şekil 2.3.2 (c)' deki gibi sıkı pakete geldiğinde, üç farklı yığılma pozisyonu A,B,C Şekil 2.3.2 (c) de gösterilir. Sonra değişik yığılma düzenli yapılar oluşturulabilir. Teorik olarak, sonsuz sayıda uzun periyot yığılma düzenli yapı oluşturulabilir, fakat pratik olarak ilk üçü Şekil 2.3.2 (d-f) en geneli ve dördüncü Şekil 2.3.2 (g) yeni olanıdır. Bu uzun periyot yığılma düzenlini tanımlayacak iki sistem vardır,

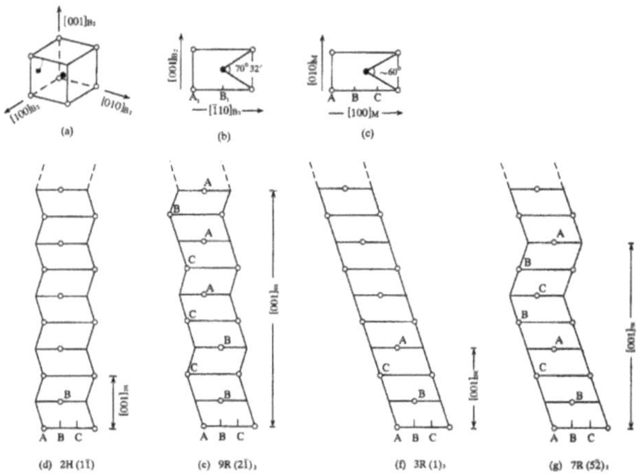

Şekil 2.3.2. B2 östenit fazından farklı martenzitik yapılara uzun periyotlu yığılma düzenli yapı değişimi (Otsuka ve Wayman,1999).

Ramsdel ve Zdanov işaret sistemi. Bu işaret sistemi şöyle açıklanabilir (d) de, c ekseni boyunca (taban düzlemine dik olan yön) periyot 2 (sıkı paket sayısı) dir ve dizilim önemsizken simetri hekzagonaldir. Bu yüzden, Ramsdel sisteminde bu 2H ile gösterilir. Parantez içindeki Zdanov sembolleri, yelkovan dönüş yönünde (+ sayılar) ve yelkovan dönüşüm ters yönünde (-sayılar) tabaka sayısını verir. Bu halde (d) yığılma sıralanması ABAB..... iken $(1\ \bar{1})$ olarak yazılır. (e) deki durumda periyot 9 ve simetri rombikdir. Böylece, Ramsdel sisteminde bu 9R olarak adlandırılır. (g) durumunda ise, simetrik olmayan rombik kafes sıralanışı, simetri ihmal edilerek 7R adlandırması ile kullanılır. (f) rombik diziliminde iki işaret siteminin de kullanımı kolayca anlaşılır (Otsuka ve Wayman,1999). Katmanlanma östenit fazdaki düzenlenmeye bağlıdır. Sıkı paket düzlemlerin üç çeşidini A,B,C içeren 3R veya 9R martenzit yapıları β_2 tipinde ana faza sahip alaşımlarda görülür. Sıkı paket düzlemlerin ana çeşidini A,B,C,A',B',C' içeren 6R veya 18R martenzit yapıları β_1 tipinde ana faza sahip alaşımlarda görülür. Fakat 2H martenzit yapısı her iki tip östenitik fazdan gelen alaşımlardan görülebilir. Daha önce tarif edilen α_1', β_1' ve γ_1' martenzitler sırasıyla 6R, 18R ve 2H katmanlı martenzit yapılarıdır. α_2', β_2' ve γ_2' martenzitleri ise sırasıyla 3R, 9R ve 2H katmanlı martenzit yapılarına denk gelirler. Çeşitli katmanlı düzenli martenzit yapıları Şekil 2.3.3' de verilmiştir.

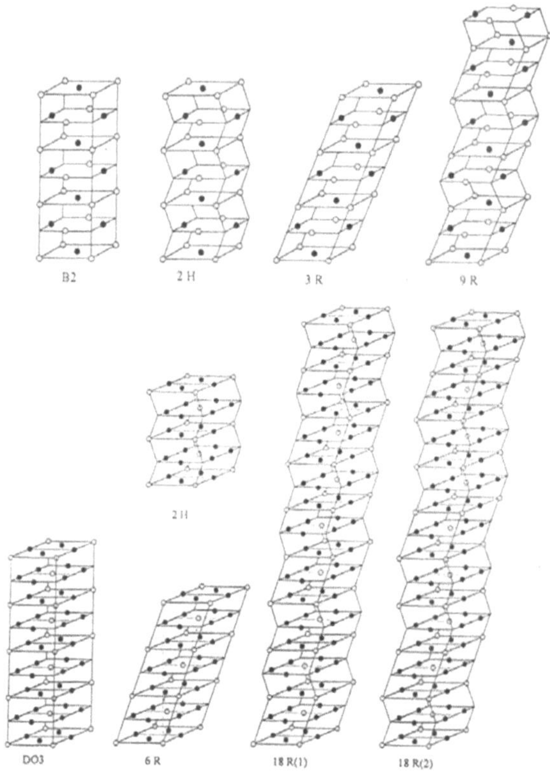

Şekil 2.3.3 Çeşitli katmanlanma sıralamalarına sahip uzun katmanlı düzenli martenzit kristal yapıları (Bor, 1998).

2H → AB veya B'AB veya B'

3R → ABCABC

6R → AB'CA'BC'A

9R → ABCBCACABA

$18R_1$ → AB'CB'CA'CA'BA'BC'BC'AC'AB'A

$18R_2$ → AB'AB'CA'CA'CA'BC'BC'BC'AB'A

sıkı paket düzlemlerdeki atomlar bir altıgen içinde düzenlendiklerinde, birinci ve ikinci seviyelerin katmanlanma pozisyonları östenit fazın $[\bar{1}10]$ yönü boyunca yer alan, sıfırıncı seviyeye kıyasla sırasıyla 1/3 ve 2/3' dedir. Sonuç olarak, birim kafesin uzunluğu c ekseni boyunca değişik uzun katmanlı düzenli yapılardaki sıkı paket düzlemlerin sayısından belirlenebilir. Üstelik c ekseni dik açı yaptığından uzun katmanlı düzenli yapılar ortorombik kafesler olarak tarif edilirler (Bor, 1998).

2.4. Martenzitik Dönüşüm Termodinamiği

Östenit martenzit dönüşümünü meydana getiren durumda martenzit fazı kimyasal serbest enerjisi östenit fazının kimyasal enerjisinden düşük olmalıdır. Buna rağmen, dönüşüm kimyasal olmayan aşırı serbest enerjiyi (dönüşüm gerinim enerjisi ve ara yüzey enerjisi) gerektirir. Eğer her iki fazın arasındaki kimyasal serbest enerjilerin farkı gerekli olan kimyasal olmayan serbest enerjilerin farkından büyük değilse, dönüşüm başlamaz.

Diğer bir deyişle, serbest enerji gereklidir. Eğer numune uygun düşük bir sıcaklığa ani soğutulmuşsa, $M_s=T_0$ eşitlik sıcaklığının üzerinde bir sıcaklıktan Martenzit ve östenit fazının kimyasal serbest enerjileri eşit olduğundan dönüşüm geçerli olmaz. Tersinir dönüşüm için ayrıca bir serbest enerji gerekli değildir; Numune uygun yüksek sıcaklığa ani ısıtılmalıdır.

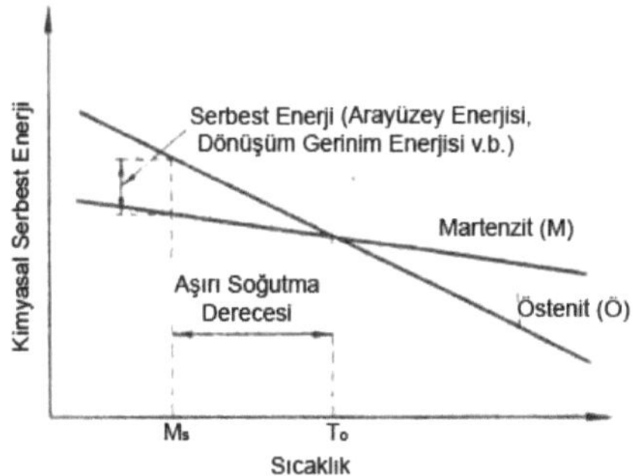

Şekil 2.4.1 Östenit ve martenzit fazlarının sıcaklık – kimyasal serbest enerjiye bağlılık diyagramı ve martenzitik dönüşümlerle ilişkisi (Schimizu ve Tadaki, 1987).

Bu verilerle r açılı ve en fazla kalınlığı 2t (r>>t) olan masif (lens) biçimli M kristalinin (Şekil 2.4.2) çekirdeklendiğini düşünürsek, ara yüzey enerjisi $2\pi r^2\sigma$ (2.14) ile ifade edilir.

Burada $2\pi r^2$ yaklaşık yüzey alanı ve σ her bir alan için ara yüzey enerjisidir. Anlatım değeri büyük ölçüde östenit martenzit ara yüzeyinde uyumlu gerinim derecesine bağlıdır. Ara yüzeyin frank dislokasyon halkalarına bağlı olduğunu ve σ nın (5,01-10,03)$\times10^{-5}$ joule/cm^2 olduğunu düşünelim. Burada,

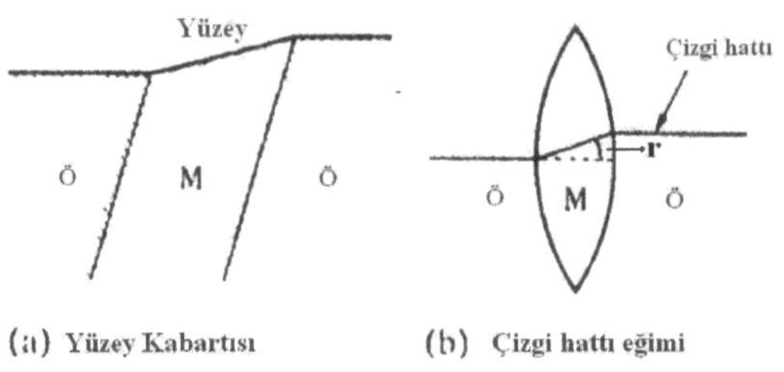

Şekil 2.4.2 Lens biçimli martenzit kristali (Schimizu ve Tadaki, 1987)

r: lens biçimli martenzit kristalindeki östenit ve martenzit arasındaki açı (Şekil 2.4.2), t: lens biçimli kristal kalınlığı, T_0: Östenit martenzit kimyasal enerjilerinin eşit olduğu sıcaklık A ve B: Elastik gerinim enerji katsayılarıdır.

Elastik gerinim enerjisi $\pi r^2 t\left(\frac{A\times t}{r}\right)=\pi r t^2 A$ (2.15.), $\pi r^2 t$ Monoklin kristalinin yaklaşık hacmi ve $\left(\frac{A\times t}{r}\right)$ her bir birim hacim için elastik gerinim enerjisidir. Bu gerinim enerjisi tahminen 25ºC de 2901 joule/cm^3 olur (Schimizu ve Tadaki, 1987). Bu tip elastik gerinim numune ısıtıldığında genellikle tersinir dönüşümü ilerletmek için yeterince büyük değildir, fakat bazı alaşımlarda tersinir dönüşüm termoelastik olur. Yukarıda anlatılanlardan bağımsız olarak, plastik deformasyona bağlı başka diğer enerjiler ve elastik salınımlar vardır. Martenzit kristalindeki kafes değişmeyen gerinimi ikizlenme ve kayma deformasyonu gerektirir. Çünkü kayma deformasyonu östenit kristali çevresinde de olur her iki tip plastik deformasyon için enerji gereksinimi aşırı olur. Monoklin kristali çevresinde plastik deformasyon meydana geldiğini düşünelim, Elastik enerji,

$$\pi r^2 t\left(\frac{B\times t}{r}\right) = \pi r t^2 B \text{ dir.} \quad (2.16)$$

Bununla beraber B nin kantitatif spesifikasyonu kararsız kalmıştır. Elastik salınım enerjisinin küçük olduğu düşünülmesine rağmen, kimyasal olmayan serbest enerjinin dönüşüm esnasındaki ana formları, formül (2.14), (2.15), (2.16) dir. Bundan dolayı, Monoklin kristali çekirdeğine bağlı toplam enerji değişimi eşitlik (2.17) de verilir;

$$\Delta G = \pi r^2 t \Delta g_c + 2\pi r^2 \sigma + \pi r t^2 (A + B) \text{ eşitlik } (2.17)$$

Burada Δg_c her bir hacim için kimyasal serbest enerji değişimidir. M_s sıcaklığında, r açılı masif şekilli M kristali kritik bir değeri aşmaz, kimyasal serbest enerji değişimindeki değişim formül (2.17) nin sağ tarafındaki ilk terim kimyasal olmayan serbest enerjilerin ikinci ve üçüncü terimleri tarafından verilir. Çekirdekler büyür ve dönüşüm gerçekleşir. T_o ve M_s arasındaki farklılık soğuma derecesini belirtir. σ ya bağlı olan (A+B) elastiklik enerji katsayıları ve iki faz arasındaki yapısal değişim, çekirdeğin büyüklük oranındaki artışa bağlıdır. Demir alaşımları ve çelikteki dönüşümlerin soğutma derecesi 200°C olabilir, Ama şekil bellekli alaşımlarda bu değer sadece 5–30 °C arasındadır (Çizelge 2.4.1).

Çizelge 2.4.1.: Şekil bellek etkisi gösteren alaşımlar için veriler (Schimizu ve Tadaki, 1987)

Alaşım	Bileşim	Ms (°C)	Dönüşüm Sıcaklık Histerisiz(°C)	Dönüşüm Tipi	Düzenli veya Düzensiz	Hacim Değişimi
AgCd	44~49at.%Cd	-190~-50	~15	B2→M2H	Düzenli	-0.16
AuCd	46.5~50at.%Cd	30~100	~15	B2→M2H	Düzenli	-0.41
CuAlNi	14~14.5wt.%Al	-140~100	~35	DO_3→2H	Düzenli	-0.30
	3~4.5wt.%Ni					
CuAuZn	23~28at.%Au	-190~40	~6	L21→M18R	Düzenli	-0.25
	45~47at.%Zn					
CuSn	~15at.%Sn	120~30		DO_3→2H veya 18R	Düzenli	
CuZn	38.5~41.5wt.%Zn	-180~100	~10	B2→9R veya M9R	Düzenli	-0.5
CuZnX	Birkaç ağ.%X		~10	DO_3→18R veya M18R	Düzenli	
InTi	18~23at.%Ti	60~100	~4	KYM→TYM	Düzensiz	-0.2
NiAl	36~38ağ.%Al	-180	~10	B2→M3R	Düzenli	-0.42
TiNi	49~51at.%Ni	-50~100	~30	B2→B19'	Düzenli	-0.34
FePt	~25at.%Pt	~-130	~4	L1→THM	Düzenli	0.8~-0.5
FePd	~30at.%Pd	~-100		KYM→TYM→THM	Düzensiz	
MnCu	5~35at.%Cu	-250~180	~25	KYM→TYM	Düzensiz	

2.5. Termoelastik Martenzitik Dönüşüm Termodinamiği

Fe–30 at. % Ni ve Au – 47,5 at. Cd alaşımı için martenzitik ve östenitik dönüşümlerin elektriksel dirence karşılık gelen varyant durumları bir kalıp olarak incelenebilir. Şekil 2.5.1' termoelastik ve termoelastik olmayan durum için martenzitik ve tersinir dönüşü göstermektedir. FeNi alaşımlarının dönüşüm sıcaklık histerisizleri (A_s-M_s) çok geniştir, yaklaşık 400 °C. AuCd için ise (A_s-M_s) 15 °C dir. Bu gösterir ki serbest enerji ve böylelikle dönüşüm için gerekli olan kimyasal olmayan serbest enerji FeNi için yüksek ve AuCd için küçüktür. AuCd alaşımında, bu durum, ara yüzey enerjisi formülünün $2\pi r^2\sigma$ (2.14) olduğu ve plastik deformasyon için ise $\pi r^2 t\left(\frac{B\times t}{r}\right) = \pi r t^2 B$ (2.16) olduğu ve bu değerin ihmal edilebilecek kadar küçük olduğu şeklinde görülür. Bu halde dönüşüm enerji değişimi $\Delta G = \pi r^2 t\Delta g_c + \pi r t^2 A$ (2.18) dir. Böylelikle dönüşümler sadece ısıl ve elastik halle karakterize edilirler. Bundan dolayı, M_s altında numune soğutulurken martenzit kristalleri soğur ve kesin bir boyuta ulaşıldıktan sonra, ısıl kimyasal serbest enerjideki büyümeler minimum değere yakınlaşır, gelişme durur. Isıl ve elastik etkiler arasındaki eşitlik bize "termoelastiklik" kavramını verir. Bir kez bu ısıl eşitliğe ulaşıldığında, eğer numune ısıtılır veya soğutulur veya dışarıdan bir güç uygulanırsa, ısıl eşitlik bozulur ve stabilize martenzit kristalleri gelişme veya küçülmeye başlar, bu tip martenzitik dönüşüm "termoelastik" olarak adlandırılır (Schimizu ve Tadaki, 1987).

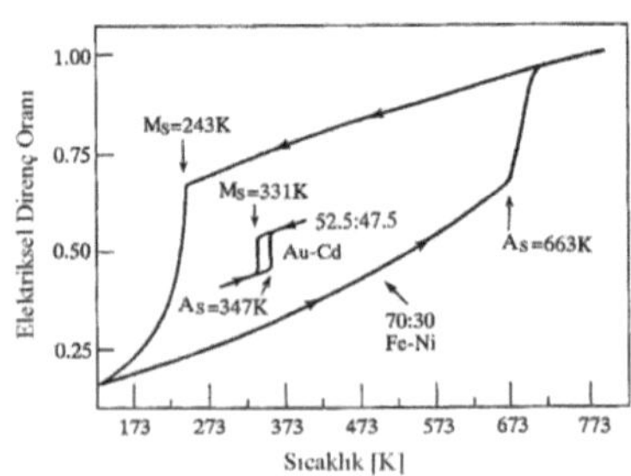

Şekil 2.5.1 Fe-Ni ve Au-Cd alaşımlarının ısıtma ve soğutma esnasındaki elektrik direnci değişimleri, Termoelastik ve olmayan dönüşümler için martenzitik ve tersinir dönüşüm (Otsuka ve Wayman,1999)

Işık metal mikroskobunda çekilmiş olan fotoğraflar CuAlNi numunesinin soğutulduğunda termoelastik M kristalinin dereceli gelişimini ve ısıtma esnasında dereceli büzülmesini gösterir (Şekil 2.5.2). Aynı şekilde gelişme ve büzülme dışarıdan kuvvet uygulamasıyla da elde edilebilir (Schimizu ve Tadaki, 1987).

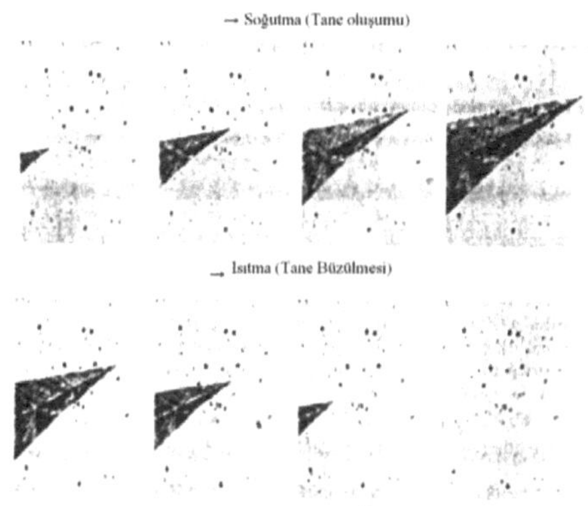

Şekil 2.5.2 CuAlNi alaşımında Termoelastik Martenzit Kristallerinin ısıtma ve soğutmaya bağlı olarak gelişme ve büzülmenin optik mikroskopta görünümü (Schimizu ve Tadaki, 1987)

Termoelastik martenzitik dönüşüm gerçekleşirken, her ara yüzey enerjisi ve plastik deformasyon için gerekli enerji çok küçüktür ve ihmal edilir. Dönüşüm sırasındaki yapı değişimi ve sonucundaki hacim değişiminin her ikisi de küçüktür ve östenit faz kafesi ve martenzit faz kafesi arasında çok iyi yapışma mümkün olabilir. Genellikle, bu durum östenit fazı düzenli yapı olduğunda elde edilir. Termoelastik martenzitik dönüşümler için çeşitli alaşımlar ve bundan dolayı şekil bellek etkisi oluşur. Bu alaşımların kimyasal bileşimi, M_s sıcaklığı, dönüşüm sıcaklık histerisiz değerleri, kristal yapıdaki değişimi, düzenli yapıda olup olmadığı ve hacim değişimi Çizelge 2.4.1' de verilmiştir. Arta kalan iki veya üç alaşım düzensiz yapıdır ama dönüşüm sırasında işleyen kafes uyumu düzenli yapılara eşit bir yapı elde edilmesini sağlar (Schimizu ve Tadaki, 1987).

Termoelastik martenzitik olmayan dönüşümlerde bu durum FeNi ve diğer alaşımlarda oluşur, martenzit tek kristalleri neredeyse çabucak son boyutuna kadar gelişir ve düşen sıcaklıkla daha fazla gelişmez. Bu M kristalleri tersinir dönüşüm geçirirken bunlar küçülmez ve östenit fazının eski durumuna gelmez. Östenit fazından martenzit kristallerinin çekirdeklenme ve büyümesi ile olur. Tersinir dönüşümde ise östenit fazı kristallerinin çekirdeklenme ve gelişimleri martenzit fazı içerisinde olur. Buna göre gelişim dönüşümünde serbest enerji $\Delta G^{P \to M}$ ve tersinir dönüşümdeki $\Delta G^{M \to P}$, To sıcaklığında birbirine eşit ve her iki kuvvetin bileşkesi neredeyse sıfırdır. Çünkü aşırı soğumanın (T_o-M_S) ve aşırı ısıtmanın (A_S-M_S) derecelerinin eşit olduğu düşünülebilir ve T_o sıcaklığında sıcaklığı yaklaşık olarak;

$$T_O = \frac{1}{2}(A_S + M_S) \quad (2.19)$$

Bununla beraber, termoelastik martenzitik dönüşümlerde, martenzit kristali çekirdeklendikten sonra sıcaklık değişimine uygun olarak gelişir veya kaybolur. Bu sebeple termoelastik olmayan dönüşümlerden farklı termodinamik davranışları vardır. Bazı alaşımlarda martenzitik dönüşümdeki elektriksel direnç ve sıcaklık eğrileri Şekil 2.5.3' de verilmiştir. Şekil 2.12 (b)' de görüldüğü gibi A_S sıcaklığı M_S sıcaklığından düşüktür. Bu halde formül (2.19) uygulandığında termodinamik açıdan uygun olmayan bir hal olarak T_o M_S sıcaklığından düşük olabilir. Bu yüzden termoelastik martenzitik dönüşüm formül (2.19) kullanılarak analiz edilemez (Schimizu ve Tadaki, 1987).

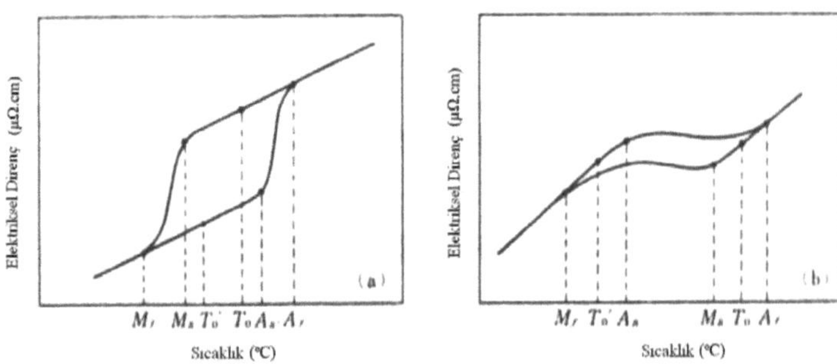

Şekil 2.5.3 Termoelastik martenzitik dönüşüm için elektriksel direnç-sıcaklık eğrileri (Schimizu ve Tadaki, 1987).

Termoelastik martenzitik dönüşümlerde deneysel olarak gözlemlenen, martenzit kristalleri M_S sıcaklığında oluşup, sonra A_f sıcaklığında tersinir dönüşümün artan sıcaklıkla gerçekleşerek östenit kristalinin oluştuğudur. Termoelastik martenzitik dönüşümlerde serbest enerjideki toplam değişim şöyle ifade edilebilir;

$$\Delta G(T)^{Ö\rightarrow M} = \Delta g_C{}^{Ö\rightarrow M}(T) + \delta(\Delta g_{nc}{}^{Ö\rightarrow M}) + \Delta g_S{}^{Ö\rightarrow M} \quad (2.20)$$

Tersinir dönüşüm için, toplam değişim ise;

$$\Delta G(T)^{M\rightarrow Ö} = \Delta g_C{}^{M\rightarrow Ö}(T) + \delta(\Delta g_{nc}{}^{M\rightarrow Ö}) + \Delta g_S{}^{M\rightarrow Ö} \quad (2.21)$$

Δg_C kimyasal serbest enerji değişimi ve $\delta(\Delta g_{nc})$kimyasal olmayan serbest enerji artışıdır. Enerji ifadesi Δg_S mevcut martenzit kristalinin kaybolması veya oluşması ile yeni martenzit kristalinin oluşum ya da yok oluşu direnç kuvvetlerine eşittir. Yukarıda bahsedilen deneysel veriler ışığında östenit→martenzit dönüşümü (Schimizu ve Tadaki, 1987).

$$\Delta G(T)^{Ö\rightarrow M} < 0 \quad (2.22)$$

ve T=M_S olduğunda,

$$\Delta G(T)^{Ö\rightarrow M} = 0 \quad (2.23)$$

Öte yandan, martenzit→östenit tersinir dönüşümde

$$\Delta G(T)^{M\rightarrow Ö} < 0 \quad (2.24)$$

ve T=A_f olduğunda

$$\Delta G(T)^{M\rightarrow Ö} = 0 \quad (2.25)$$

(2.20) ve (2.21) formülleri ile aşağıdaki eşitlikler oluşur

$$\Delta g_C{}^{Ö\rightarrow M}(T) = -\Delta g_C{}^{M\rightarrow Ö}(T) \qquad (2.26)$$

$$\Delta g_C{}^{Ö\rightarrow M}(T_O) = \Delta g_C{}^{M\rightarrow Ö}(T_O) = 0 \quad (2.27)$$

$$\Delta g_{nC}{}^{Ö\rightarrow M} = -\Delta g_{nC}{}^{M\rightarrow Ö} \qquad (2.28)$$

$$\Delta g_S{}^{Ö\rightarrow M} = \Delta g_S{}^{M\rightarrow Ö} = \Delta g_S \qquad (2.28)$$

$\Delta g_C^{\ddot{O}\rightarrow M}(T)$ To ile genişletilebilir

$$\Delta g_C^{\ddot{O}\rightarrow M}(T_O) + \frac{d\Delta g_C^{\ddot{O}\rightarrow M}(T_O)}{dT}\Delta T + \delta(\Delta g_{nC}^{\ddot{O}\rightarrow M}) + \Delta g_S \quad (2.29)$$

T=M_S olduğunda eşitlik sıfıra eşit olur. Buna göre formül (2.27) M_S sıcaklığında

$$\frac{d\Delta g_C^{\ddot{O}\rightarrow M}(T_O)}{dT}\Delta T + \delta(\Delta g_{nC}^{\ddot{O}\rightarrow M}) + \Delta g_S = 0 \quad (2.30)$$

Bu eşitlikten şu sonucu elde edebiliriz,

$$\Delta T = -\frac{\delta(\Delta g_{nC}^{\ddot{O}\rightarrow M}) + \Delta g_S}{\frac{d\Delta g_C^{\ddot{O}\rightarrow M}(T_O)}{dT}} \quad (2.31)$$

$$\Delta T \cong \frac{-\Delta g_S}{\frac{d\Delta g_C^{\ddot{O}\rightarrow M}(T_O)}{dT}} \quad (2.32)$$

$$\frac{d\Delta g_C^{\ddot{O}\rightarrow M}(T_O)}{dT} > 0 \quad (2.33)$$ (Schimizu ve Tadaki, 1987)

$\Delta T < 0$ iken, $T = M_S = T_O + \Delta T$ eşitliğinden kolayca şu yazılabilir (Schimizu ve Tadaki, 1987)

$M_S < T_o$ (2.34)

Aynı şekilde $\Delta g_C^{M\rightarrow\ddot{O}}(T)$ çarpımını tersinir dönüşümde T_o sıcaklığı yerine yazarsak

$\frac{d\Delta g_C^{\ddot{O}\rightarrow M}(T_O)}{dT}\Delta T + \delta(\Delta g_{nC}^{M\rightarrow\ddot{O}}) + \Delta g_S$ bulunur. T=A_f olduğunda bu denklemin 0 a eşit olduğunu göz önünde bulundurursak

$$\Delta T \cong -\frac{\Delta g_S}{\frac{d\Delta g_C^{M\rightarrow\ddot{O}}(T_O)}{dT}} \quad (2.35)$$

$$\frac{d\Delta g_C^{M\rightarrow\ddot{O}}(T_O)}{dT} < 0 \quad (2.36)$$

$\Delta g_S > 0$

$\Delta T > 0$ olduğunda $T=A_f=(T_o+\Delta T)>T_o$ eşitliği izlendiğinde $A_f > T_o$. Böylece sonraki eşitlik:

$A_f>T_o>M_S$ (2.37)

Eğer (A_f-M_S) küçük ve aşırı soğutma ve aşırı ısıtma eşit ise,

$$T_O = \frac{1}{2}(M_S + A_f) \quad (2.38)$$

elde edilir.

Termoelastik martenzitik dönüşümde bir başka denge sıcaklığı T'_o vardır. Dönüşüm başlamadan önce sistemdeki tek kimyasal serbest enerji değişimi, $T=T_o$ olduğunda aşağıdaki gibidir (Schimizu ve Tadaki, 1987);

$\Delta G^{Ö\rightarrow M}=\Delta g_C^{Ö\rightarrow M}=0$ (2.39)

Ayrıca, dönüşüm gerçekleşirken $\Delta g_{nc}^{Ö\rightarrow M}$, M_f sıcaklığında doyma oranını arttırır ve tam doygun hale gelir. Bu yüzden tersinir dönüşümde kimyasal serbest enerjiye ek olarak, kimyasal olmayan terim $\Delta g_{nc}^{M\rightarrow Ö}$ göz önüne alınmalıdır. Eğer kesin bir formül yazmak gerekirse T'_o göz önüne alınarak şu formül yazılmalıdır (Schimizu ve Tadaki, 1987),

$\Delta G^{M\rightarrow Ö}=\Delta g_c^{M\rightarrow Ö}+\Delta g_{nc}^{M\rightarrow Ö}=0$ (2.40) (Schimizu ve Tadaki, 1987)

Tıpkı T_o'ı bulduğumuz gibi, T'_o sıcaklığında $\Delta g_c^{M\rightarrow Ö}(T)$ ve $\Delta g_c^{Ö\rightarrow M}(T)$ genişlemesini yapabiliriz. M_s ve A_f sıcaklıklarının formül (2.22) ve (2.24)'e göre durumları sırasıyla M_s ve A_f için, T_o' a paralele olarak hesaplanırsa (Schimizu ve Tadaki, 1987),

$M_s<T_o'<A_s$

T_o, Şekil 2.5.3 (a) durumu için düşünüldüğünde, eşitlik (2.41) yazılabilir.

$$T_o' = \frac{1}{2}(A_s + M_f) \quad (2.41)$$

T_o ve T_o' ve M_s , M_f , A_s ve A_f sıcaklıkları arasındaki ilişki Şekil 2.5.3 (b) de verilmiştir. Diyagramda görüldüğü gibi (Schimizu ve Tadaki, 1987),

$A_f > T_o > M_s > A_s > T_o' > M_f$ (2.42)

Yazılacak olursa, Tip 2 olarak adlandırdığımız termoelastik martenzitik dönüşümün gerçekleştiğini söyleyebiliriz. Eğer Şekil 2.5.3 (a) da ki durum (Schimizu ve Tadaki, 1987),

$A_f > A_s > T_o > T_o' > M_s > M_f$ (2.43)

Yazılacak olursa, Tip 1 olarak adlandırdığımız termoelastik martenzitik dönüşümün gerçekleştiğini söyleyebiliriz. AuCd ve CuAlNi alaşımları Tip 1, Fe_3Pt, InTi, NiTi, CuZn, AgCd, AuZn ve NiAl alaşımları Tip 2 dönüşümüne uğrarlar (Schimizu ve Tadaki, 1987).

2.6. Üretim Tekniği

NiTi Şekil Bellekli Alaşımların üretim tekniği birbirini takip eden ergitme ve ingot eldesi, şekillendirme ile tel ya da levha ara ürün eldesi ve şekil bellek ısıl işlemi sonunda ürün eldesi bölümlerini içerir. İlk kademe olan ergitme basamağında şekil bellek etkisi gösterebilen alaşım kompozisyonu yaklaşık % 50(ağ) Ti-Ni olduğundan bu orandaki tüm ergitmelerin genellikle vakum altında yapılması gerekir. Çünkü oksijene afinitesi yüksek olan bu elementlerin oksitlenerek amaçlanan ürünü eldesi mümkün olamamaktadır. Bu nedenle işlemlerin genel itibariyle vakum altında gerçekleştirilmesi gerekir (Wu, 2001). Bu ailedeki alaşımların kullanımındaki en büyük zorluk uygun işlemler geliştirildiğinde istenen özellikleri sağlamaktır. Plazma ark ergitme, elektron ışınımı (elektron beam) ergitilmesi veya vakum altında ergitme metotları ticari olarak kullanılır (Hodgson vd., 1992). Bu şekilde iki farklı ergitme yönteminin sıklıkla kullanıldığını belirtmek gerekir. Vakum İndüksiyon ergitme metodu (VIM) eriyik banyoyu daha iyi karıştırdığı için oldukça avantajlıdır (Zhang vd., 2005). Diğer yöntem Vakum arc ergitmesi metodudur (VAM) ve bu yöntemde ise dar ergitme zonu ve kimyasal homojenite sağlayamama problemi olabilir (Nayana vd., 2007). Tavsiye edilen pota malzemesi grafit ya da kalsiyumoksit (CaO) tir. Alüminyumoksit ya da magnezyumoksit pota eriyik malzemeyi etkileyebilecek kadar yüksek oksijen içeriğinden dolayı kullanıma uygun değildir. Grafit pota kullanılması halinde oksijen yerine yüksek karbon tehlikesi ile karşılaşılır. Karbon içeriği büyük oranda ergitme sıcaklığına bağlıdır. Eriyik 1450 °C ve üzeri bir sıcaklığa ulaşacaksa karbon problemi sebebiyle grafit pota kullanılamaz. Stokiyometrik NiTi alaşımının ergime sıcaklığı 1310 °C civarı olduğundan ergitme işleminin bu değerin hemen altında yani nispeten düşük bir sıcaklıkta yapılması gerekir. Böylelikle 200–500 ppm. lik şekil bellek etkisini etkileyemeyecek kadar küçük bir karbon içeriği sağlanabilir. Ergitme işlemi sonuçlanmadan önce numune alınarak DSC analizi ile A_f sıcaklığı kontrol edilir ve kullanım yeri göz önüne alınarak uygun alaşım elementi ile bu sıcaklık değeri gerekli görülüyorsa düşürülebilir (Suzuki, 1999).

Elde edilen ingotlar kontrollü atmosferli (genellikle argon atmosfer) fırında çözeltiye alma tavına tabi tutulur. Daha sonra çeşitli sıcak şekillendirme işlemleri ile boyut indirgemesi gerçekleşir. Dövme (Scherngell ve Kneissl, 1998), haddeleme (Frick vd., 2005) ve ekstrüzyon (Müller, 2001) en çok kullanılan yöntemlerdir. 325 °C civarı çekme dayanımı düşer ve 380 °C civarında bu düşüş en yüksek değere ulaşır. Uzama yaklaşık 530 °C de artar ve yaklaşık 630 °C de bu değer % 100' e ulaşır. Yüksek sıcaklıklarda NiTi alaşımlarının sıcak şekillendirme işlemini kısıtlayan oksidasyon problemi olduğu göz önünde bulundurulursa, yaklaşık 800 °C optimum çalışma sıcaklığı olarak söylenebilir (Suzuki, 1999). Tel çekme, çok geniş kullanılan tekniktir ve mükemmel yüzey özellikleri ve 0,05 mm kadar ince ölçüler sağlanabilir (Hodgson vd., 1992).

Ni-Ti alaşımı belirli bir tip intermetalik bir bileşik oluşturmasına rağmen soğuk halde çalışılabilir (katı hal), fakat soğuk şekillendirme oldukça zordur. Soğuk şekil verme işlemi sıcak şekillendirmeye göre daha çok zorluklar gösterir. Çalışabilirlik genellikle alaşım bileşimine bağlıdır ve Ni içeriğinin 51 at. % Değerinin üzerine çıkması ile gittikçe zorlaşır (Suzuki, 1999). Soğuk şekil verme işlemi malzemede kırılma ve kopmaları önlemek için birkaç basamakta uygulanıp her bir basamak arasında malzemeye rahatlatma tavı uygulanması ile gerçekleştirilebilir. Çeşitli soğuk şekil verme işlemleri uygulanabilir bunlar soğuk haddeleme, profil çekme ve tel çekme olarak sıralanabilir (Liu, 2000). Tavlanmış NiTi alaşımının çekme dayanımı 100 MPa civarıdır ve bu değer tavlanmış bakır ya da alüminyumun çekme dayanım değerinden daha düşüktür. NiTi tel deforme edildiğinde çekme dayanımı % 10 artar ve 1000 MPa değerine gelir. Soğuk çekme işleminde çekme dayanımı 1500 MPa değerinin üzerine çıkar (Suzuki, 1999).

NiTi alaşımlarından talaşlı şekillendirme zordur. Tornalama ve frezeleme özel takım ve uygulamalar kullanılmadığında çok zordur. Bu alaşımlara kaynak lehim veya sert lehim uygulamak genellikle zordur. Bu malzemelere eğer kalınlık az ise taşlama, zımparalama veya kesme gibi aşındırıcı işlemler uygulandığında iyi sonuç alınabilir (Hodgson vd., 1992).

2.6.1. Şekil Bellek Etkisinin Isıl İşlemle Sağlanması:

Belleğe yerleşecek şeklini vermek için ısıl işlem genellikle 300 – 600°C arası yapılır, eğer yeterli zaman verilirse 300 – 350 ^{o}C aralığına kadar, inilebilir. NiTi parçalar, ısıl işlem sırasında belleğe yerleşmesi istenen şekil yerleştirilirken, yeniden şekillendirilme ihtiyacı duyabilir, aksi takdirde şekil oluşumu gerçekleşmeyebilir (Hodgson vd., 1992). Şekil bellek ısıl işlemi şekil bellekli alaşımın elde edilmesinde en önemli kademedir ve bu işlem oksit etkilerinden korunmak için genellikle vakum ya da kontrollü atmosfere sahip bir fırında inert gaz altında gerçekleştirilir. Soğuk işlem sonrasında elde edilen yarı mamul (tel, ince levha, ya da profil) belleğe alınacak şekle zorlamalı olarak sokularak şekil bellek ısıl işlemiyle ısıtma soğutma çevrimine sokulur. Bu nedenle termomekanik bir işlem olduğu da söylenebilir. Bu ısıtma soğutma (östenit-martenzit) çevrimi sırasında faz dönüşümü gerçekleşirken kafeslerin birbirine göre belirli bir düzende konumlanması sağlanır. Oluşan çökeltilerle (Ni_3Ti_4, $NiTi_3$ gibi) desteklenen yapı makro manada belirli bir şekli belleğine yerleştirmiş olur (Liu vd., 2006; Holec vd., 2006; Favier vd., 2006; Braz Fernandes vd., 2007). Akım şeması şematik olarak Şekil 2.6.1.1 de görülmektedir

Alternatif üretim teknikleri mevcuttur. Bileşim gradyent farkından faydalanılarak malzeme üzerine yüksek vakumla şekil bellekli film kaplaması ve iki kademede dönüşüm gösteren şekil bellek etkisi oluşturmak alternatif üretim tekniğine örnektir (Jardin, 2006).

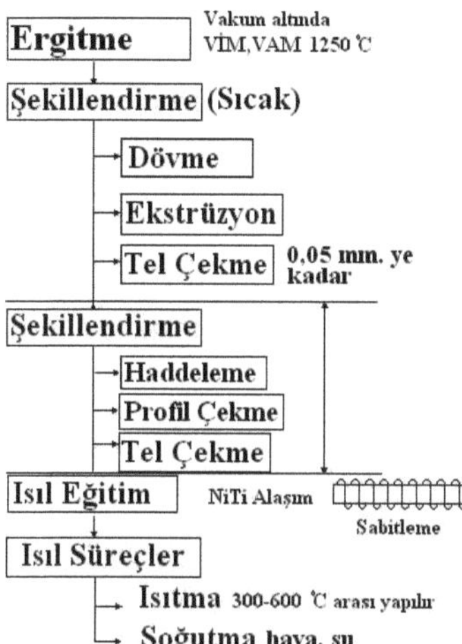

Şekil 2.6.1.1 Şekil bellek ısıl işlemi akım şeması

3. DENEYSEL ÇALIŞMALAR

Deneysel çalışma için seçilen numuneler Shape Memory Applications Inc. firmasının min dönüşüm sıcaklığı 55 ^{o}C, dönüşüm sırasında net 2 N. kuvvet oluşturan, 14mm. strok gösteren 0,95 mm tel çaplı uyarıcı ürünlerinden seçilmiştir. Seçilen helisel yayın boyutları ölçülmüş, yay sabiti, bileşimi ve dokusal yapısı belirlenmiştir.

3.1. Deney Numunesi

Helisel yayın boyutları 1/100 mm. ölçme hassasiyetli elektronik kumpasla ölçülmüş ve elde edilen boyutlar aşağıda Çizelge 3.1.1' de verilmiştir.

Çizelge 3.1.1 NiTi helisel yay numunenin ölçüleri

D_a (mm)	D_i (mm)	D_d (mm)	$İ_g$	$İ_f$	L_0 (mm)
8,00	6,10	0,95	15,5	13,5	32,50

Bu numunenin yay sabitini 1/1000 hassasiyetle ölçmek için Abbe cihazında çalışılmıştır. Abbe cihazı ve ölçümünün yapılması Resim 3.1.1' de gösterilmiştir.

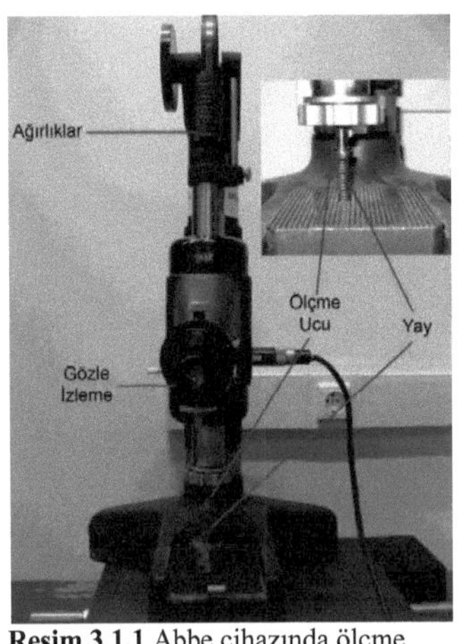

Resim 3.1.1 Abbe cihazında ölçme

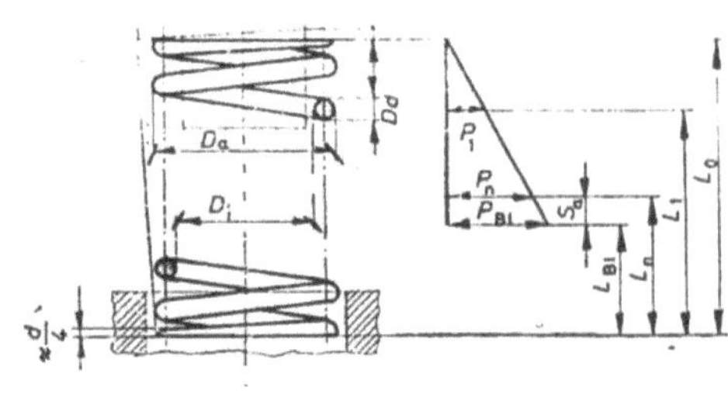

Şekil 3.1.1 Yay boyutları (TSE) $İ_g$: Sarım sayısı, $İ_f$: Yaylanan sarım sayısı

Ölçüm sonucu bulunan değerler (kuvvet-boy) Ek 1, Ek 2' de ve şekil 3.2.1, şekil 3.3.1' de verilmiştir.

3.2. Şekil Bellekli (ŞBA) Yay İçin Yay Sabiti Tespit Deneyleri

Yay sabiti tespiti deneyleri oda sıcaklığında, % 54 nem oranında 0,001 hassasiyette ölçüm yapılarak Abbe cihazında gerçekleştirilmiştir. Yay sabiti % 93 kesinlik oranı ile elde edilmiştir. Kuvvet oluşturmak amacıyla çelik ağırlıklar kullanılmış, kuvvet değerleri Ek 2 de verilmiştir.

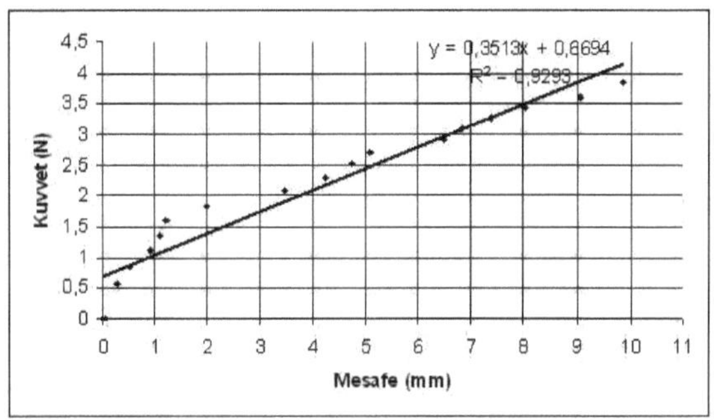

Şekil 3.2.1 SMA yay kuvvet-mesafe diyagramı

$$c_{SMA} = \frac{F}{l} = tg\alpha = 0{,}3513\text{N/mm.}$$

3.3. Fonksiyonel Yorulma Histerisiz Deneyleri

Fonksiyonel yorulma deney bölümünde NiTi şekil bellekli yayların fonksiyonel yorulma davranışının incelenmesi, kimyasal analiz (EDX) kontrolleri, SEM analizi ile mikroyapı değişiminin incelenmesi ve tek kanallı yazıcıya bağlı Pt-Pt10Rh ısıl çift ile sıcaklık değişimi ölçülmüştür.

Şekil bellekli alaşımdan imal edilmiş yay histerisiz eğrilerinin çıkarılabilmesi amacıyla basma gerilmesine tabi tutulmuş ve sıcaklık ölçümü gerçekleştirilmiştir. Resim 3.3.1.'de karşılıklı çalışan yayların üzerinde bulunduğu cam bir çubuk ve bunun üzerinde itme aparatı görülmektedir. Burada cam malzeme sürtünme katsayısı düşük olduğu için seçilmiştir.

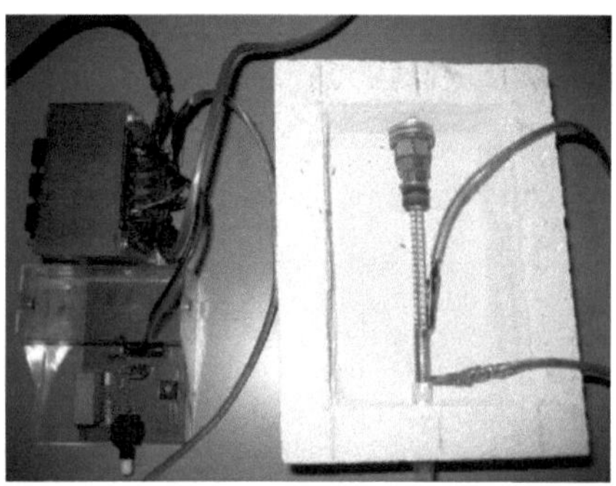

Resim 3.3.1 Deney düzeneği 1

Fonksiyonel yorulma deney düzeneği' nin oluşturulması için devreler Resim 3.3.2'de görülen dijital göstergeli koruyucu bir kasa içerisine alınmış, bir varyak sistemi ile akım kontrolü sağlanmıştır. Düzenek yay üzerine akım verdiğinden yayın tıpkı bir direnç gibi davranması dolayısıyla ısı eldesi sağlanmıştır. Isı fazlasının deney düzeneğine vereceği zararı önlemek ve soğutmayı sağlayarak tekrar M_f sıcaklık seviyesine inebilmek için bir soğutma düzeneği kullanılmıştır.

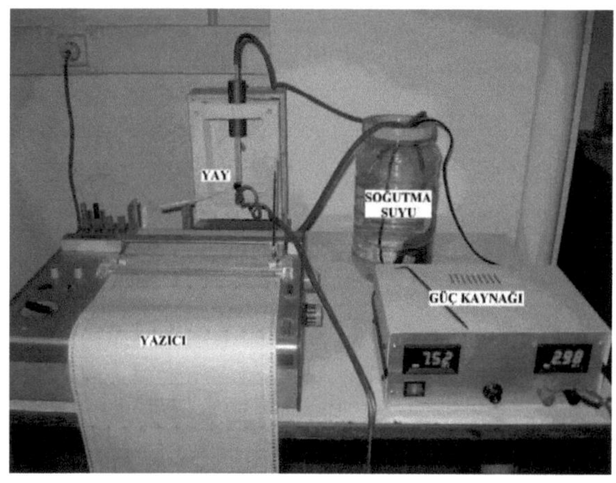

Resim 3.3.2 Fonksiyonel yorulma deney düzeneği (deney düzeneği 2)

Soğutma sonrasında Ms sıcaklık düzeyine getirilen yayın deformasyon sonucu martenzit oluşturabilmesi amacıyla toplam ağırlığı 512 gr. olan pirinç bir ağırlık basma gerilmesini oluşturmak için kullanılmıştır. Elde edilen düzeneğin geliştirilmesindeki ve sıcaklık kontrolünün kaydedilmesine olanak tanıyan son işlem Servoscribe 1S RE 541.20 marka potansiyometrik yazıcının sisteme eklenmesidir. Isı artışı yazıcıdan mV. cinsinden okunarak değerler kaydedilmiş, bu amaçla Pt-Pt10Rh ısıl çift kullanılmıştır. Deney sırasında oda sıcaklığı 22 (°C) olarak ölçülmüştür.

Histerisiz eğrilerinin çıkarılması sırasında basma gerilmesi altında yazıcı yardımı ile potansiyel gerilme-mesafe (yayın şekil değişimi) eğrisi elde edilmiş, güç kaynağından elektrik verilmesi ve kesilmesi ile 40 ve 80 tekrarla fonksiyonel yorulma uygulanan numunelerin histerisiz eğrileri aşağıda verilmiştir. Sıcaklık değişimi mV cinsinden kaydedilmiştir. Tmax:51mV (40 tekrar) ve 68 mV (80 tekrar). Fonksiyonel histerisiz eğrileri, elde edilen diğer histerisiz eğrileri ile bütünlük sağlanması amacıyla sıcaklık mesafe diyagramına dönüştürülmüştür. Elde edilen eğriler literatürden bulunan eğrilerle kıyaslanarak doğrulanmıştır. Yazıcıdan alınan histerisiz eğrileri önce milimetrik kâğıda aktarılarak mesafe (mm)-potansiyel gerilme (mV) eğrisinden mesafe (mm.)-sıcaklık (°C) eğrisine dönüştürülmüştür. Daha sonra değerler Excel programına aktarılarak bilgisayar yardımı ile grafiğin çıkarılması sağlanmıştır. Hesaplanan Mesafe (mm) ve Sıcaklık (°C) değerleri Ek2 ve Ek 3 ile histerisiz eğrileri Şekil 3.3.2 ve Şekil 3.3.4 ' de verilmiştir.

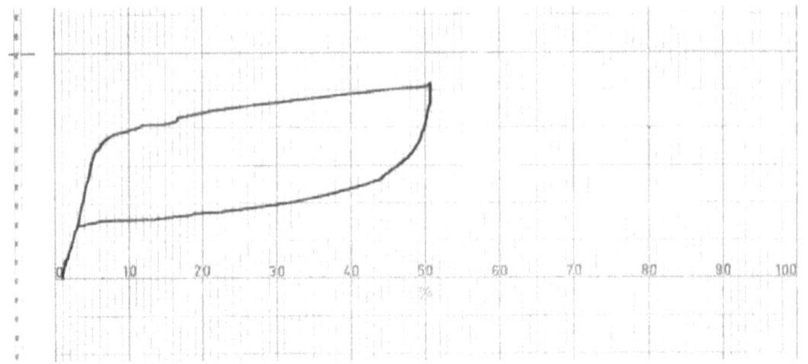

Şekil 3.3.1 Mesafe (mm.)-potansiyel gerilme (mV.) histerisiz eğrisi (yorulma periyodu: 40 tekrar, yazıcı max. ilerleme mesafesi = Yayın basma altındaki max. şekil değişikliği)

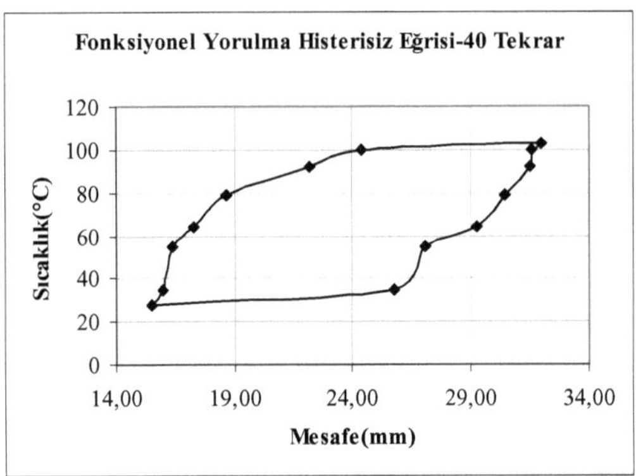

Şekil 3.3.2 Mesafe (mm.)-sıcaklık (°C) histerisiz eğrisi (yorulma periyodu: 40 tekrar)

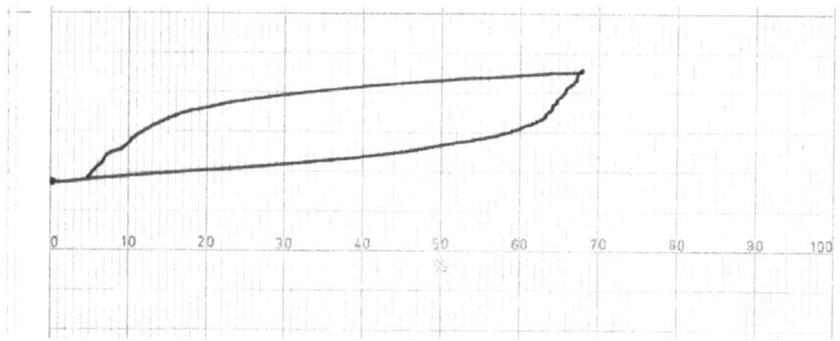

Şekil 3.3.3 Mesafe (mm.)-potansiyel gerilme (mV.) histerisiz eğrisi (yorulma periyodu: 80 tekrar, yazıcı max. ilerleme mesafesi = Yayın basma altındaki max. şekil değişikliği).

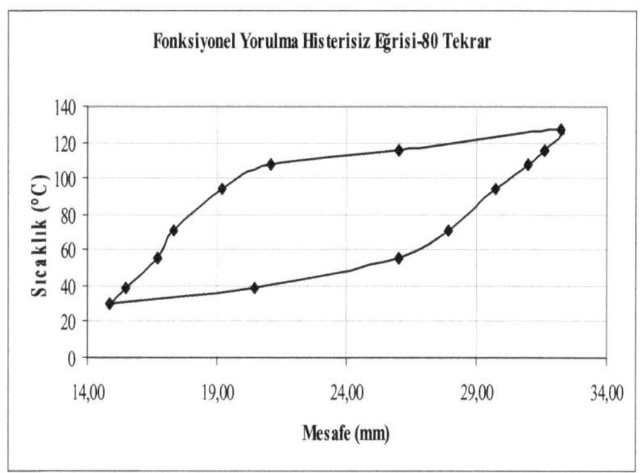

Şekil 3.3.4 Mesafe (mm.)-sıcaklık (°C) histerisiz eğrisi (yorulma periyodu: 80 tekrar)

Yapılan fonksiyonel yorulma deneyleri ile elde edilen Şekil 3.3.2.ve Şekil 3.3.4 de verilen histerisiz eğrileri karşılaştırıldığında 40 çevrim sonunda elde edilen histerisiz eğrisinin histerisiz aralığının 103–28=75°C, 80 çevrim sonunda elde edilen histerisiz eğrisinin histerisiz aralığının 127–30=97°C olduğu görülür. Her iki yayında en yüksek strok (serbest yayın konumu ile bastırılmış yayın konumu arasındaki max. mesafe) değerini sağlamasına olanak tanıyacak kadar dönüşüm süresi geçirmesi beklendiğinden, yapının ısıtma sırasında tamamen östenit bölgesinde olduğu söylenebilir. Dönüşüm sıcaklık değerlerinin tekrar sayısı arttıkça artması bize yapıda dönüşüme katılmayan ya da geç katılan bölümlerin olduğunu işaret eder.

3.4. Şekil Bellekli Helisel Yay Numunenin Doku İncelemesi

3.4.1. Numune Hazırlama

Çalışmanın bir diğer aşaması Mikroyapı belirlemesidir. TEM incelemesi ile kafes yapıları belirlenmeye çalışılmış ancak bu imkânların elde edilememesi sebebiyle NiTi şekil bellekli alaşımın SEM mikroyapı fotoğrafı elde edilmiştir. Numunelerin hazırlanması sırasında NiTi yaydan alınan parça soğuk monte yöntemi ile monte edilmiş ardından döner disk, 1200 numaralı zımparalar yardımı ile zımparalama işlemi gerçekleştirilmiştir. Ardından parlatma solüsyonu olarak elmas pasta kullanılmıştır. Parlatılan numuneler $3HNO_3$+$2H_2O$+1HF (Gall K. vd., 1999) ve 40 ml. HNO_3 ve 10 ml. HF (Zeng, vd., 2007) dağlama ayracı formülleri ile dağlanmıştır. Daha sonra numune yüzeyleri Jeol marka görüntü analizörü yardımı ile kontrol edilerek Jeol marka Tarama elektron mikroskobu ile 500X, 1000X ve 5000X büyütmelerde görüntü alınmıştır. Elde edilen mikroyapı fotoğrafları ve büyütmeleri yorulma çevrim sayıları ve ölçülen max. sıcaklık değerleri ile birlikte aşağıda verilmiştir (Şekil 3.4.2.1.1-3.4.2.1.15).

3.4.2. Elektron Mikroskobu ile İnceleme

3.4.2.1. İkincil Elektronlar (SE) Kullanılarak İnceleme

SEM görüntüleri Jeol marka JSM 5410 LV model cihazdan ve kimyasal analizler ise cihaza bağlı bulunan EDX analiz ünitesinden alınmıştır. Oda sıcaklığı 21 °C ve ölçülen nem % 51 dir.

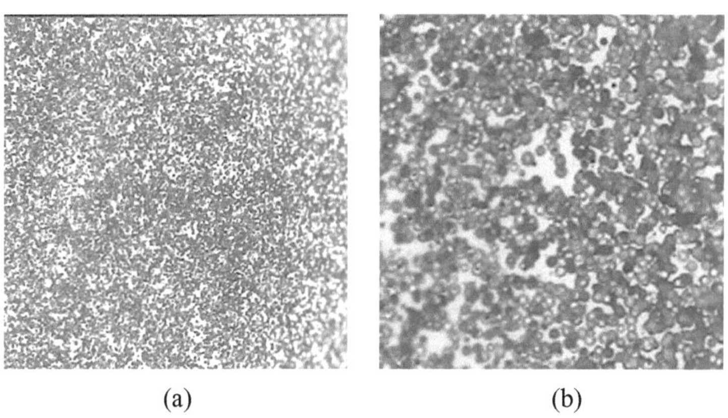

(a) (b)

Şekil 3.4.2.1.1 (a) Gerinimsiz (0tekrar) NiTi yay numunelerin SEM mikro yapı fotoğrafı 500X (b) Gerinimsiz (0 tekrar) NiTi yay numunelerin SEM mikro yapı fotoğrafı 1000X

Çizelge 3.4.2.1.1 Numune 1 çevrim sayısı-potansiyel fark (mV)

Deney Sayısı	Potansiyel Fark (mV.)	Sıcaklık (°C)
1	27	68
2	27	68
3	21	58
4	19	55
5	19	55

Numune 1 (5 çevrim)in hazırlanması sırasında zımparalama uygulanmasının ardından parlatma işlemi uygulanmış ancak parlatma süresi uzun tutulduğundan numune çuha üzerinde oluşan sürtünme etkisi sonucu kaybolmuş görüntü alınamamıştır.

Çizelge 3.4.2.1.2 Numune 2 (10 çevrim) çevrim sayısı-potansiyel fark (mV)

Deney Sayısı	Potansiyel Fark (mV.)	Sıcaklık (°C)
1	46	96
2	44	93
3	43	92
4	43	92
5	44	93

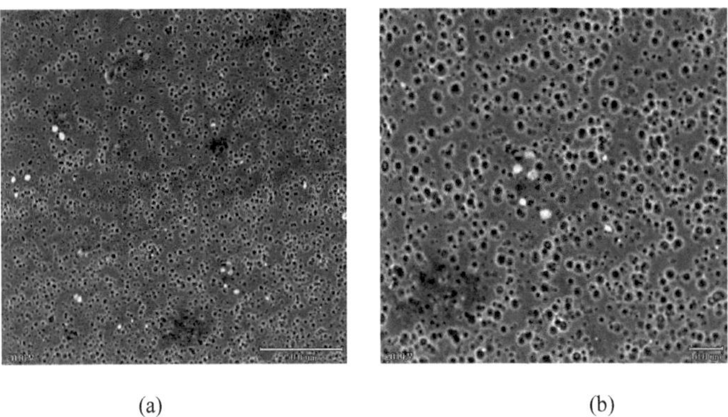

(a) (b)

Şekil 3.4.2.1.2 (a) Numune 2 (10 çevrim) SEM mikroyapı fotoğrafı 500X (b) Numune 2 (10 çevrim). Taneler içerisinde belirgin ve homojen $TiNi_3$ çökeltileri. Martenzit varyantları henüz belirgin değil. SEM mikroyapı fotoğrafı 1000X

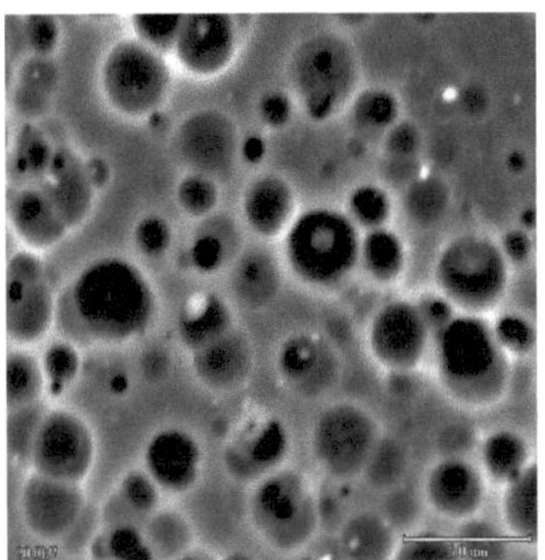

Şekil 3.4.2.1.3 Numune 2 (10 çevrim) SEM mikroyapı fotoğrafı 5000X kimyasal analiz noktaları

Çizelge 3.4.2.1.3 Numune 3 (15 çevrim) çevrim sayısı-potansiyel fark(mV)

Deney Sayısı	Potansiyel Fark (mV.)	Sıcaklık (°C)
1	82	145
2	81	144
3	80	143
4	74	135
5	73	133

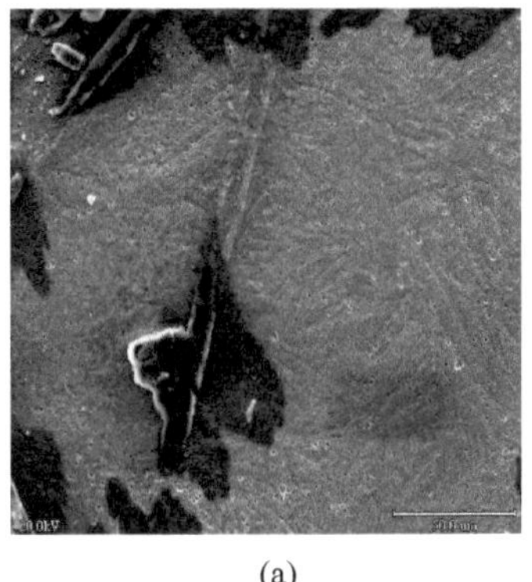

(a)

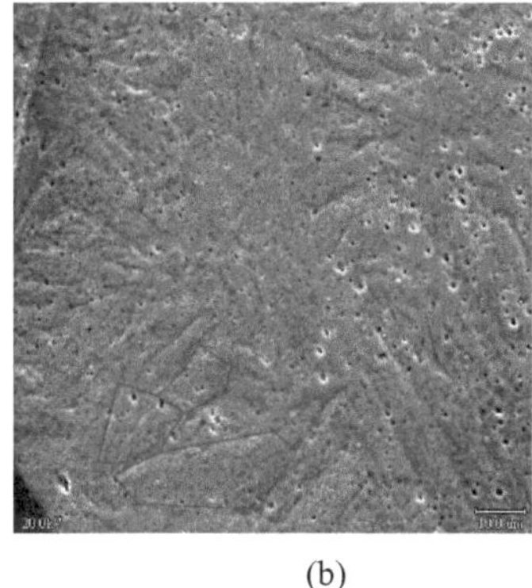

(b)

Şekil 3.4.2.1.4 (a) Numune 3 (15 çevrim) SEM mikroyapı fotoğrafı 500X (b) Numune 3 (15 çevrim). Belirtilen tane içlerinde henüz martenzit varyantları oluşmamış. Ancak, sınırlı sayıda martenzit varyantı belirginleşmiş. $TiNi_3$ çökeltileri homojen olarak yapı içerisine dağılmış. SEM mikroyapı fotoğrafı 1000X

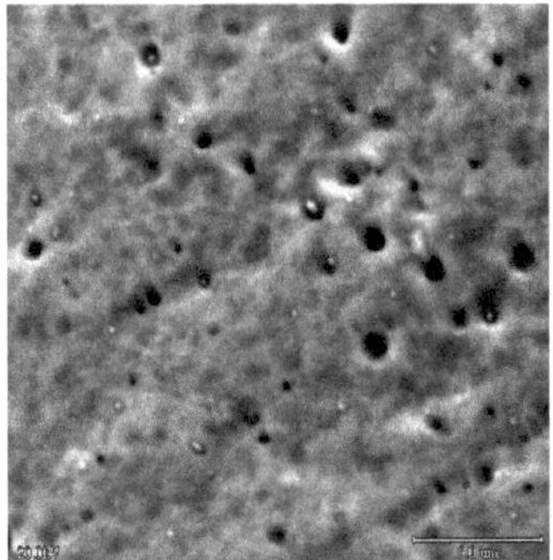

Şekil 3.4.2.1.5 Numune 3 (15 çevrim) $TiNi_3$ çökelti bölgelerine odaklanılmıştır. SEM mikroyapı fotoğrafı 5000X

Çizelge 3.4.2.1.4 Numune 4 (20 çevrim) çevrim sayısı-potansiyel fark(mV)

Deney Sayısı	Potansiyel Fark (mV.)	Sıcaklık (°C)
1	80	143
2	75	136
3	74	135
4	74	135
5	72	122

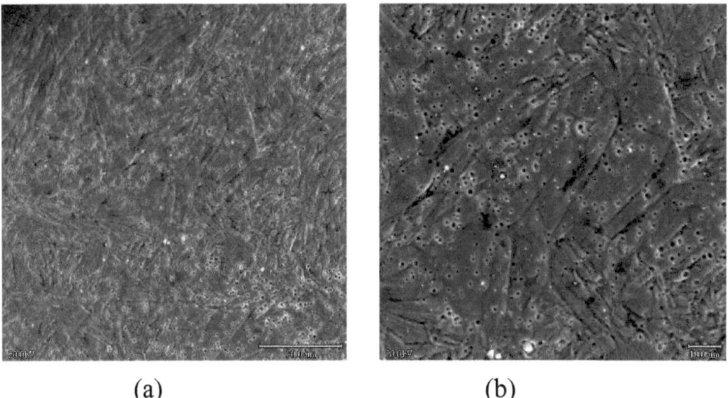

(a) (b)

Şekil 3.4.2.1.6 (a) Numune 4 (20 çevrim) SEM mikroyapı fotoğrafı 500X (b) Numune 4 (20 çevrim). Yapıda martenzit varyantı görülmeyen tane bulunmuyor. $TiNi_3$ çökeltileri ve boşluklar belirgin. Dönüşüm göstermeyen bölgeler kolayca seçilebiliyor. SEM mikroyapı fotoğrafı 1000X

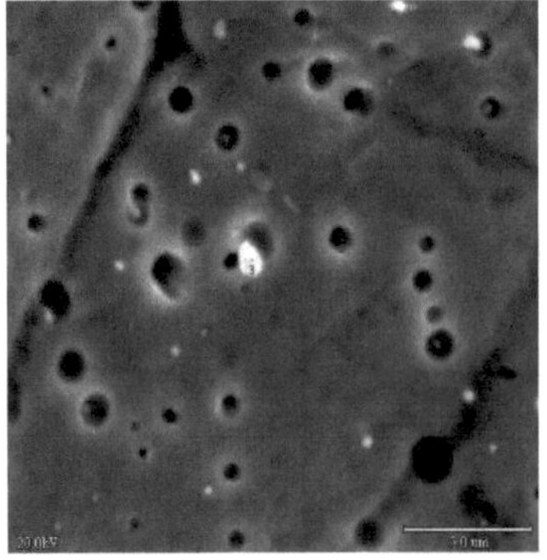

Şekil 3.4.2.1.7 Numune 4 (20 çevrim) SEM mikroyapı fotoğrafı 5000X kimyasal analiz noktaları

Çizelge 3.4.2.1.5 Numune 5 (25 çevrim) çevrim sayısı-potansiyel fark(mV)

Deney Sayısı	Potansiyel Fark (mV.)	Sıcaklık (°C)
1	20	57
2	38	84
3	59	115
4	65	123
5	66	123

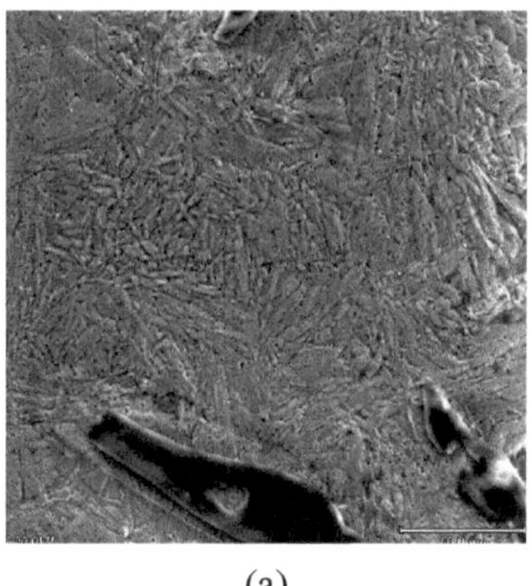

(a)

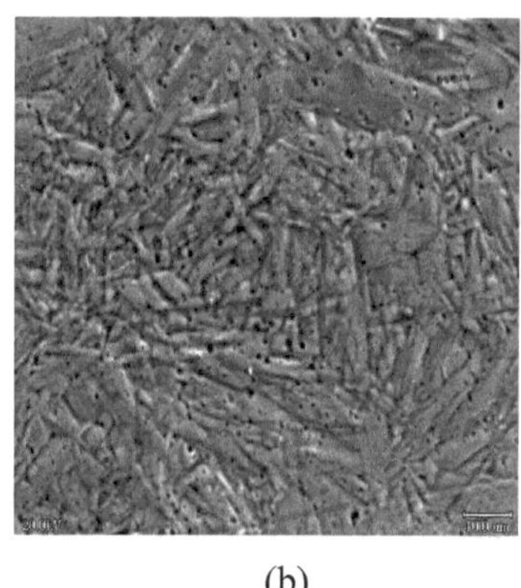

(b)

Şekil 3.4.2.1.8 (a) Numune 5 (25 çevrim) SEM mikroyapı fotoğrafı 500X (b) Numune 5 (25 çevrim) martenzit varyantları belirginleşerek iğnemsi yapıyı tüm mikroyapı fotoğrafında baskın hale getiriyor. SEM mikroyapı fotoğrafı 1000X

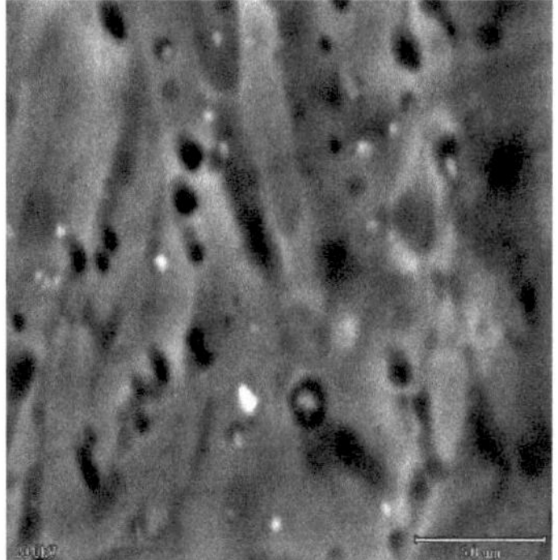

Şekil 3.4.2.1.9 Numune 5 (25 çevrim) SEM mikroyapı fotoğrafı 5000X kimyasal analiz noktaları

Çizelge 3.4.2.1.6 Numune 6 (30 çevrim) çevrim sayısı-potansiyel fark(mV)

Deney Sayısı	Potansiyel Fark (mV.)	Sıcaklık (°C)
1	33	77
2	84	148
3	100	168
4	100	168
5	100	168

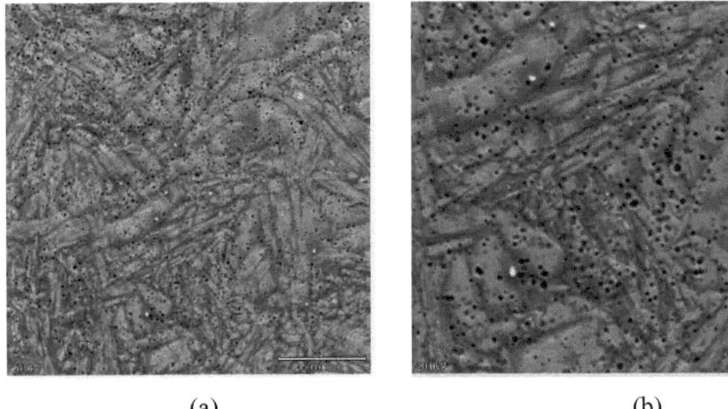

(a) (b)

Şekil 3.4.2.1.10 (a) Numune 6 (30 çevrim) SEM mikroyapı fotoğrafı 500X (b) Numune 6 (30 çevrim). Şekil 3.4.2.13 de verilen numune 5 mikroyapı fotoğrafındaki özelliklerle aynı. T.Ni_3 çökeltileri ve boşluklar belirgin ancak tane sınırlarında daha fazla gözleniyor. Dönüşüm göstermeyen bölge oranları çok az. SEM mikroyapı fotoğrafı 1000X

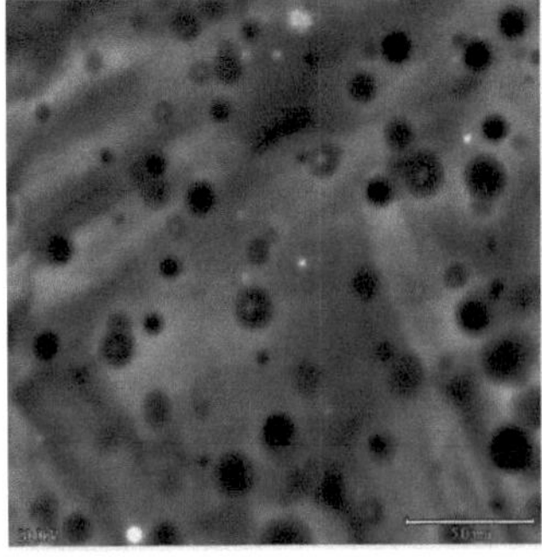

Şekil 3.4.2.1.11 Numune 6 (30 çevrim) SEM mikroyapı fotoğrafı 5000X kimyasal analiz noktaları

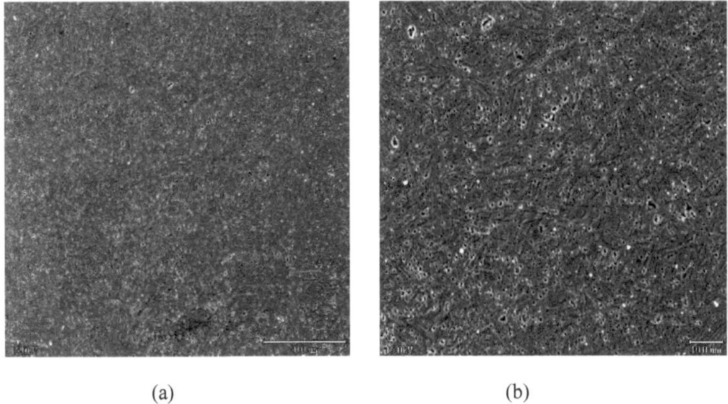

(a) (b)

Şekil 3.4.2.1.12 (a) Numune 7 (40 çevrim) SEM mikroyapı fotoğrafı 500X (b) Numune 7 (40 çevrim) SEM mikroyapı fotoğrafı 1000X. Tane içerisinde martenzit varyantları çizgiler halinde belirgin. Mikroyapı tane sınırlarında yoğunlaşan $TiNi_3$ çökeltileri ve martenzit varyantları ile bunları çevreleyen NiTi matris fazından ibarettir.

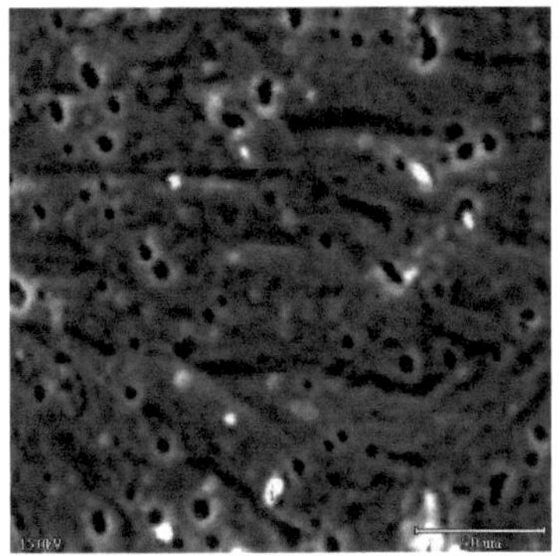

Şekil 3.4.2.1.13 Numune 7 (40 çevrim) SEM mikroyapı fotoğrafı 5000X kimyasal analiz noktaları

Numune 7 (40 çevrim) Çevrim sayısı-potansiyel fark-sıcaklık değerleri ve buna bağlı çizilen histerisiz eğrisi Çizelge 3.4.1., Şekil 3.4.2. ve Şekil 3.4.3.' de verilmiştir.

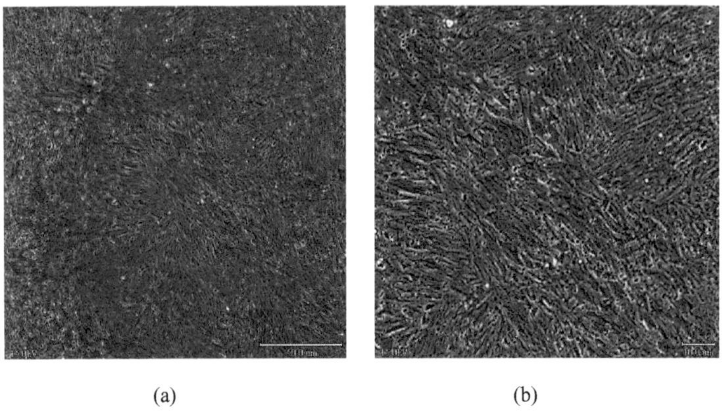

(a) (b)

Şekil 3.4.2.1.14 (a) Numune 8 (80 çevrim) SEM mikroyapı fotoğrafı 500X (b) Numune 8 (80 çevrim) SEM mikroyapı fotoğrafı 1000X. 40 çevrim gören numunenin hemen hemen 2 katı kadar varyant görüntüleri ve iğnemsi yapı oranı.

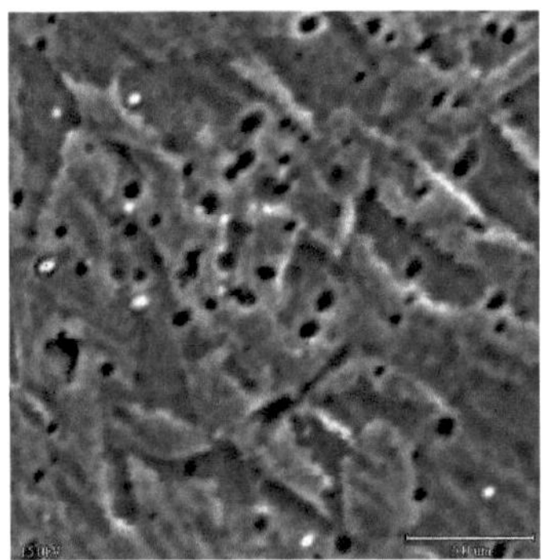

Şekil 3.4.2.1.15 Numune 8 (80 çevrim) SEM mikroyapı fotoğrafı 5000X kimyasal analiz noktaları

Numune 8 (80 çevrim) Çevrim sayısı-Potansiyel Fark-Sıcaklık Değerleri ve buna bağlı çizilen histerisiz eğrisi Çizelge 3.3.2., Şekil 3.3.4. ve Şekil 3.3.5.' de verilmiştir.

3.4.2.2 Geri Saçılan Elektronlar (BSE) Kullanılarak İnceleme

Geri saçılan elektronlar kullanılarak SEM incelemesi, malzemedeki faz farklılıklarını belirginleştirmek ya da belirli bir fazın detaylı incelemesini yapmak üzere kullanılır. NiTi yay numune üzerinde geri saçılan elektronlarla SEM incelemesi ile yapılarak martenzit varyantlarını birbirinden ayrılan karanlık bölgeler (Şekil 3.4.2.2.1 ve Şekil 3.4.2.2.2) ve çökeltilerin (Şekil 3.4.2.2.3 ve Şekil 3.4.2.2.4) detaylı incelmesi yapılmıştır.

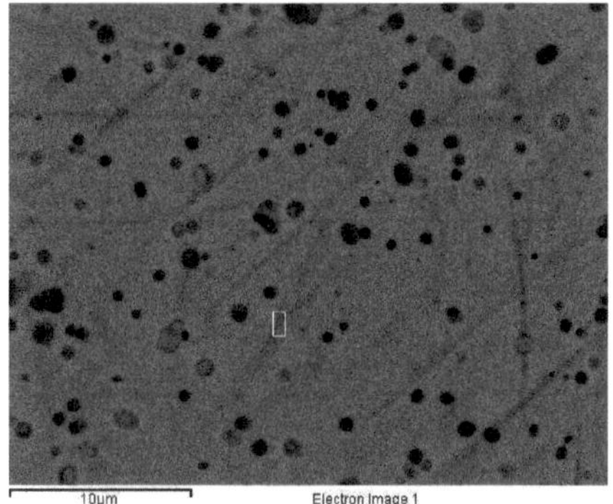

Şekil 3.4.2.2.1 Geri Saçılan Elektronlar kullanılarak karanlık bölge faz analizi

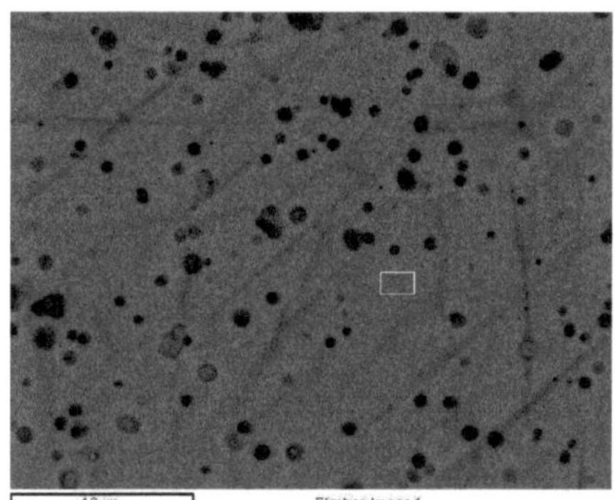

Şekil 3.4.2.2.2 Geri Saçılan Elektronlar kullanılarak aydınlık bölge analizi

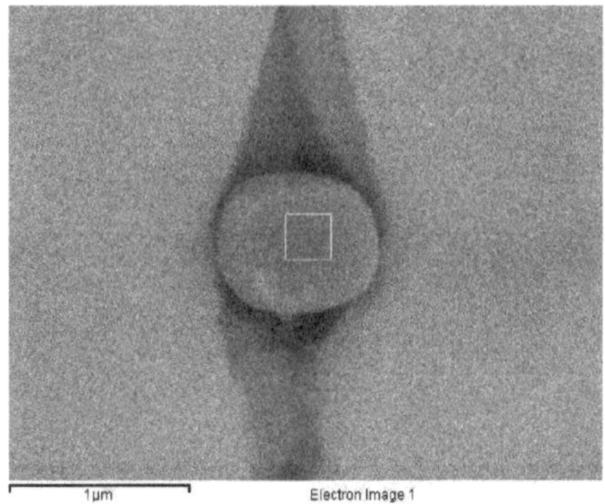

Şekil 3.4.2.2.3 Geri Saçılan Elektronlar kullanılarak çökelti yerleşimi ve çökelti analizi

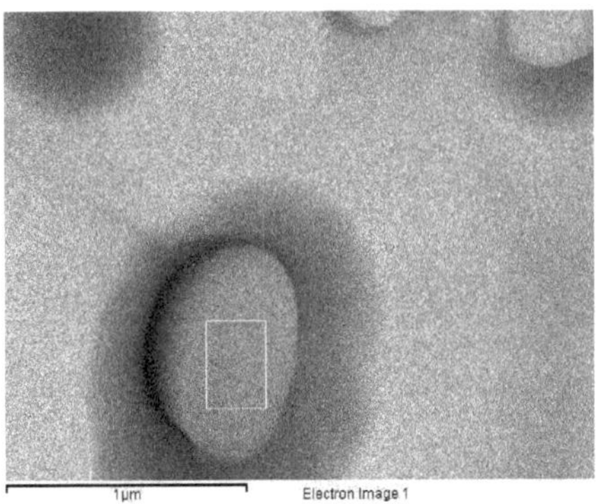

Şekil 3.4.2.2.4 Geri Saçılan Elektronlar kullanılarak çökelti analizi

Yapılan yüzey analizlinde karanlık bölgelerin derin çukurlar olduğu ve martenzit varyantlarının birbirinden ayrılmasını sağlayan derin oyuklar olduğu görülüştür. Bu bölgeler 1000X büyütmede karanlık bölgeler olarak görülmüştür. Bu karanlık bölgeler farklı faz bölgeleri değil birbirine göre simetriksi olan farklı varyantlar arasındaki sınırları temsil eder gerilme uygulandığında tek bir varyant daha baskın hale gelir.

3.4.3 Optik Polarize Mikroskop ile Analiz

Şekil bellekli alaşım yayın faz analizine yardımcı olmak amacıyla Leica ICM 1000 marka görüntü analiz mikroskobu ile optik polarize mikroskop analizi yapılmıştır. Bu amaçla 500X büyütmede 40 ve 80 tekrarla yorulma görmüş olan numuneler incelenmiştie. Farklı fazların renklendirilmesi ile faz farklılıkları ortaya konulmuş analiz resimleri Şekil 3.4.3 ve Şekil 3.4.4 de verilmiştir. Analiz sırasında oda sıcaklığı 21 °C ve ölçülen nem % 51 dir.

Şekil 3.4.3.1 40 çevrim görmüş yayın görüntü analiz mikroskobu ile optik polarize mikroskop analizi 500X

Tekrar sayısı 40 olan ve Şekil 3.4.3.1' de verilen numunenin analizi sırasında gri-siyah bölge ayrımı yapılmış, gri bölgeler maviye boyanmıştır. Boyalı alan toplam alanın %0,90 ını oluşturmaktadır.

Şekil 3.4.3.2 80 çevrim görmüş yayın görüntü analiz mikroskobu ile optik polarize mikroskop analizi 500X

Tekrar sayısı 80 olan ve Şekil 3.4.3.2 de verilen numunenin analizi sırasında yine gri-siyah bölge ayrımı yapılmış, gri bölgeler maviye boyanmıştır. Boyalı alan toplam alanın %2,14 ünü oluşturmaktadır.

Numune üzerinde iki farklı faz bulunmaktadır. Faz diyagramından elde edilen sonuca göre numune bileşimi TiNi+$TiNi_3$ faz bölgesinde bulunmaktadır. İğnemsi yapının martenzit olduğu bilindiğinden geri kalan yapı NiTi matris fazı ve çökelti ($TiNi_3$) fazlarından oluşmaktadır.

3.5. Şekil Bellekli Helisel Yay Numunenin Kimyasal Analizi

Şekil bellekli numuneler metalografik olarak hazırlandıktan sonra, Jeol JSM 5410 LV model EDX ünitesi ile analiz edilmiştir. Analizler matris, çökeltiler ve boşluklardan alınmış olup sonuçlar aşağıda verilmiştir (Çizelge 3.5.1–3.5.23). Ölçüm yapılan koşullar oda sıcaklığı 22 °C, nem % 5 dir.

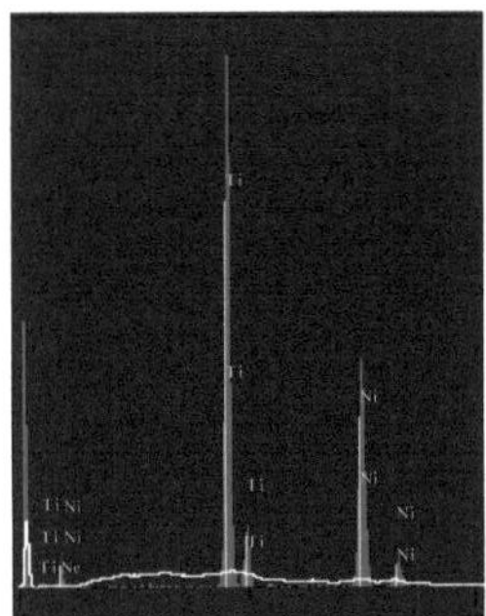

Şekil 3.5.1 Pik görüntüleri (EDS)

Çizelge 3.5.1 Gerinimsiz (0 tekrar) yay matris analizi

Element	Işın	Şiddet (c/s)	Bileşim
Ti	Kα	464.65	42.580wt.%
Ni	Kα	268.73	57.420wt.%
			100.000wt.% Total

Çizelge 3.5.2 Gerinimsiz (0 tekrar) yay matris analizi2

Element	Işın	Şiddet (c/s)	Bileşim
Ti	Kα	687.60	42.177wt.%
Ni	Kα	404.34	57.823wt.%
			100.000wt.% Total

Çizelge 3.5.3 Numune 2 (10 çevrim) matris analizi

Element	Işın	Şiddet (c/s)	Bileşim
Ti	Kα	296.84	41.206wt.%
Ni	Kα	181.73	58.794wt.%
			100.000wt.% Total

Çizelge 3.5.4 Numune 2 (10 çevrim) çökelti nokta analizi

Element	Işın	Şiddet (c/s)	Bileşim	Çökelti (%ağ/m_a)	
Ti	Kα	335.55	43.070wt.%	89.978%	$TiNi_2$
Ni	Kα	190.18	56.930wt.%	96.606%	
			100.000wt.% Total		

Çizelge 3.5.5 Numune 2 (10 çevrim) boşluk nokta analizi

Element	Işın	Şiddet (c/s)	Bileşim
Ti	Kα	348.52	42.620wt.%
Ni	Kα	201.23	57.380wt.%
			100.000wt.% Total

Çizelge 3.5.6 Numune 3 (15 çevrim) matris analizi

Element	Işın	Şiddet (c/s)	Bileşim
Ti	Kα	738.02	42.649wt.%
Ni	Kα	425.62	57.351wt.%
			100.000wt.% Total

Çizelge 3.5.7 Numune 3 (15 çevrim) çökelti analizi

Element	Işın	Şiddet (c/s)	Bileşim	Çökelti (%ağ/m_a)	
Ti	Kα	645.64	40.724wt.%	85.077%	$TiNi_2$
Ni	Kα	403.31	59.276wt.%	1.005%	
			100.000wt.% Total		

Çizelge 3.5.8 Numune 3 (15 çevrim) boşluk analizi

Element	Işın	Şiddet (c/s)	Bileşim
Ti	Kα	698.24	45.831wt.%
Ni	Kα	353.49	54.169wt.%
			100.000wt.% Total

Çizelge 3.5.9 Numune 4 (20 çevrim) matris analizi

Element	Işın	Şiddet (c/s)	Bileşim
Ti	Kα	477.30	42.436wt.%
Ni	Kα	277.69	57.564wt.%
			100.000wt.% Total

Çizelge 3.5.10 Numune 4 (20 çevrim) çökelti analizi

Element	Işın	Şiddet (c/s)	Bileşim	Çökelti (%ağ/m_a)	
Ti	Kα	417.87	43.529wt.%	0.909%	TiNi
Ni	Kα	232.41	56.471wt.%	0.958%	
			100.000wt.%Total		

Çizelge 3.5.11 Numune 4 (20 çevrim) boşluk analizi

Element	Işın	Şiddet (c/s)	Bileşim
Ti	Kα	498.38	42.249wt.%
Ni	Kα	292.20	57.751wt.%
			100.000wt.%Total

Çizelge 3.5.12 Numune 5 (25 çevrim) matris analizi

Element	Işın	Şiddet (c/s)	Bileşim
Ti	Kα	529.25	41.582wt.%
Ni	Kα	319.00	58.418wt.%
			100.000wt.%Total

Çizelge 3.5.13 Numune 5 (25 çevrim) çökelti analiz

Element	Işın	Şiddet (c/s)	Bileşim	Çökelti (%ağ/m_a)	
Ti	Kα	510.53	42.277wt.%	0.883%	$TiNi_2$
Ni	Kα	298.98	57.723wt.%	0.979%	
			100.000wt.%Total		

Çizelge 3.5.14 Numune 5 (25 çevrim) boşluk analiz

Element	Işın	Şiddet (c/s)	Bileşim
Ti	Kα	567.39	41.516wt.%
Ni	Kα	342.93	58.484wt.%
			100.000wt.%Total

Çizelge 3.5.15 Numune 6 (30 çevrim) matris analizi

Element	Işın	Şiddet (c/s)	Bileşim
Ti	Kα	540.24	41.586 wt.%
Ni	Kα	325.57	58.414 wt.%
			100.000wt.%Total

Çizelge 3.5.16 Numune 6 (30 çevrim) çökelti analizi

Element	Işın	Şiddet (c/s)	Bileşim	Çökelti (%ağ/m_a)	
Ti	Kα	599.80	40.691wt.%	0.849%	$TiNi_2$
Ni	Kα	375.18	59.309wt.%	1,006%	
			100.000wt.%Total		

Çizelge 3.5.17 Numune 6 (30 çevrim) boşluk analizi

Element	Işın	Şiddet (c/s)	Bileşim
Ti	Kα	566.07	43.612wt.%
Ni	Kα	313.77	56.388wt.%
			100.000wt.%Total

Çizelge 3.5.18 Numune 7 (40 çevrim) matris analizi

Element	Işın	Şiddet (c/s)	Bileşim
Ti	Kα	555.94	38.444wt.%
Ni	Kα	276.22	61.556wt.%
			100.000wt.%Total

Çizelge 3.5.19 Numune 7 (40 çevrim) çökelti analzi

Element	Işın	Şiddet (c/s)	Bileşim	Çökelti	
Ti	Kα	473.36	40.823wt.%	0.852%	$TiNi_2$
Ni	Kα	212.95	59.177wt.%	1,004%	
			100.000wt.%Total		

Çizelge 3.5.20 Numune 7 (40 çevrim) boşluk analizi

Element	Işın	Şiddet (c/s)	Bileşim
Ti	Kα	597.93	40.503wt.%
Ni	Kα	272.58	59.497wt.%
			100.000wt.%Total

Çizelge 3.5.21 Numune 8 (80 çevrim) matris analizi

Element	Işın	Şiddet (c/s)	Bileşim
Ti	Kα	843.45	39.931wt.%
Ni	Kα	393.76	60.069wt.%
			100.000wt.%Total

Çizelge 3.5.22 Numune 8 (80 çevrim) çökelti analizi

Element	Işın	Şiddet (c/s)	Bileşim	Çökelti	
Ti	Kα	576.82	42.874wt.%	0.895%	$TiNi_2$
Ni	Kα	238.55	57.126wt.%	0.969%	
			100.000wt.%Total		

Çizelge 3.5.23 Numune 8 (80 çevrim) boşluk analizi

Element	Işın	Şiddet (c/s)	Bileşim
Ti	Kα	881.79	41.033wt.%
Ni	Kα	393.28	58.967wt.%
			100.000wt.%Total

Kimyasal analiz sonuçları (Çizelge 3.5.1–3.5.23) kullanılarak Çevrim sayısının kimyasal bileşim üzerine olan etkisi incelenmiştir. Çökelti kimyasal analizleri ağırlıkça yüzdenin atom ağırlığına bölünerek çökelti tipinin belirlenmesinde kullanılmıştır. Elde edilen kimyasal analiz verileriyle şekil 3.5.2. deki grafik çizilmiştir.

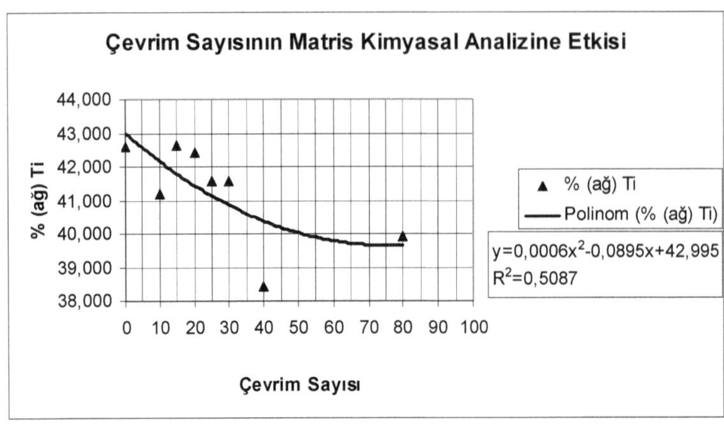

Şekil 3.5.2 Çevrim sayısının kimyasal analiz sonuçlarına etkisi

Kimyasal bileşimin azalma oranı göz önüne alındığında grafik eğilimin polinomik olduğu görülmüştür. Polinomun denklemi grafiğin yanında gösterge olarak verilmiştir. Söz konusu sonuçlar çevrim sayısı arttıkça matristeki % Ti oranının giderek azaldığını göstermektedir. Azalan Titanyum miktarı karışık (iyonik+kovalent) bağ ile bağlı olan TiNi alaşımının ya yeni kristal yapısı içerisindeki dizilimde yer aldığından dolayı ya da çökelti içerisinde bulunduğundan dolayı miktarca azalmaktadır. Bu durum faz diyagramında görülmemekle birlikte üretim esnasında dengesiz katılaşma ya da deneyler sırasında basınç faktörü etkisi altında oluşabilme ihtimali olduğu varsayılmıştır. Çünkü faz diyagramı ideal koşullarda elde edilmektedir. Çökeltiler üzerinde yapılan kimyasal analizler incelendiğinde ve hesaplandığında çökeltilerin TiNi ve $TiNi_2$ çökeltileri olduğu görülmektedir.

3.6. Gerinimsiz NiTi yay numunelerin DSC Analizi

Diferansiyel tarama kalorimetresi ile yapılan deneyler 22 °C oda sıcaklığında 0,010 gr numune ile Perkin Elmer Pyris 6 marka cihazda gerçekleştirilmiştir (0 tekrar). Deneyler sonunda A_s: 80,5 °C, A_f: 122,01, M_s: 63,82 °C ve M_f: 47,29 °C olarak bulunmuştur (Şekil 3.6.1). Eğri üzerinde R fazı dönüşümünün gerçekleştiği görülmemektedir. Isıtma sırasında 90,29 °C de, endotermik pik okunmuştur.

Soğutmada ise 54,18 °C' de pik veren ekzotermik dönüşüm değerleri okunmuştur. Bu pikler martenzit ve östenit faz dönüşümleri için dönüşüm enerji değerleridir. Yorulma deneyleri sonrasında ölçülen DSC analizleri TA Instruments DSC Q 100 marka cihazda gerçekleştirilmiştir. Deneyler sonunda 40 tekrarlı yorulma görmüş 0,010 gr. numunede, A_s: 86 °C, A_f: 126 °C, M_s: 65,5 °C ve M_f: 41 °C olarak bulunmuştur. Eğri üzerinde R fazı dönüşümünün gerçekleştiği görülmemektedir. Isıtma sırasında 113,08 °C de endotermik ve soğutma sırasında 51,52 °C de ekzotermik pik okunmuştur (Şekil 3.6.2). 80 tekrarlı yorulma görmüş 0,0010 gr. numunede, A_s: 42 °C, A_f: 102 °C, M_s: 73 °C ve M_f: 38 °C olarak bulunmuştur. Eğri üzerinde R fazı dönüşümünün gerçekleştiği görülmemektedir. Isıtma sırasında 69,75 °C de endotermik ve soğutma sırasında 56,18 °C de ekzotermik pik okunmuştur (Şekil 3.6.3). Ekzotermik pikler hemen hemen aynı sıcaklıkta görülmesine rağmen endotermik piklerin çevrim sayısı arttıkça sıcaklık değerleri artmaktadır (80 tekrar hariç). Ölçümler ASTM F 2005–00 standardına uygun olarak yapılmıştır.

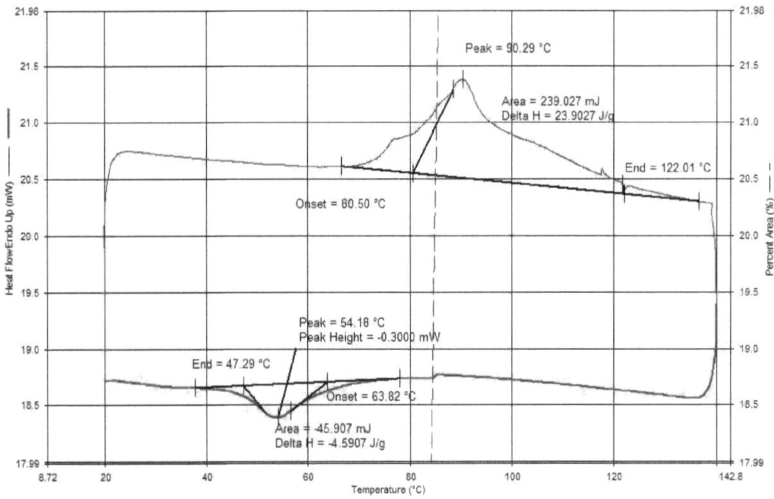

Şekil 3.6.1 DSC analiz sonucu sıcaklık aralıkları (20 °C). Östenit (endotermik) ve Martenzit (egzotermik) faz dönüşüm enerji pikleri göstermektedir

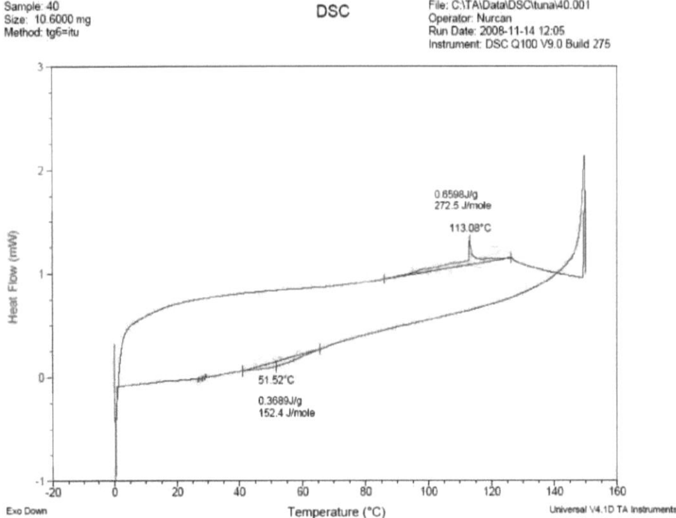

Şekil 3.6.2 DSC analiz sonucu sıcaklık aralıkları (20 °C). Östenit (endotermik) ve Martenzit (ekzotermik) faz dönüşüm enerji pikleri göstermektedir. (40 tekrar)

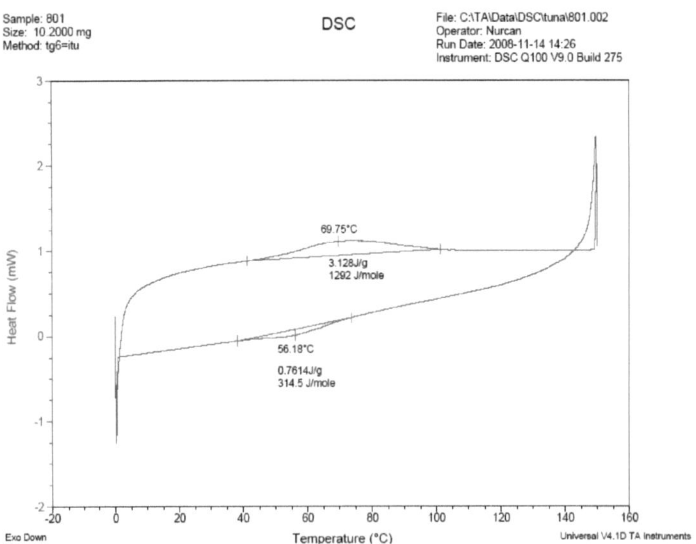

Şekil 3.6.3 DSC analiz sonucu sıcaklık aralıkları (20 °C). Östenit (endotermik) ve Martenzit (ekzotermik) faz dönüşüm enerji pikleri göstermektedir. (80 tekrar)

Kimyasal bileşimin yanı sıra pek çok mikroyapısal kavramlar NiTi alaşımlarının dönüşüm davranışlarını etkilemektedir (Hornbagen,2001). Deformasyon kafes invaryant gerinimi olarak adlandırılıp dislokasyon ve yığılma ya da ikizlenme hataları oluştururlar (Funokuba,1987). Uygulanan mekanik zorlama işlemi ile içyapıdaki ikizlenmelerin değişmesi sonucu yönlenmiş martenzit oluşumu meydana gelmektedir. Martenzitte depolanan elastik gerinim enerjisi artmakta, tersine dönüşüm esnasında ise serbest kalmakta ve dolayısı ile östenitin dönüşüm sıcaklıkları etkilenmektedir. Martenzite özgü dönüşüm sıcaklıklarında uygulanan % uzama değerindeki artışa rağmen pek dikkate değer bir değişme olmadığı DSC sonuçlarından anlaşılmaktadır. Buna neden olarak, uygulanan mekanik yükleme sonucunda östenitin kimyasal serbest enerjisinde azalma meydana geldiği düşünülmektedir (Cui vd., 2001).

3.7. Çekme Deneyi Histerisiz Eğrileri

Çekme deneyleri Devotrans Ltd. Laboratuarında 20 °C oda sıcaklığında, %54 nem oranında, 50 mm/dak. çekme hızında, 5N. maksimum kuvvet uygulanarak 30 mm. boyundaki helisel NiTi yay numunelere uygulanmıştır. Çekme makinası DVT BB4 modeldir ve kapasitesi 1000 N. dur. Bilgisayar kontrollü olup histerisiz deney programında bekleme süresi 1s. ve tekrar sayısı 1 olarak ayarlanmıştır, her üç numunenin deney sonundaki kuvvet-uzama değerleri Ek 4 ve Ek 5' de histerisiz eğrileri ise Şekil 3.7.1, Şekil 3.7.2 ve Şekil 3.7.3' de verilmiştir.

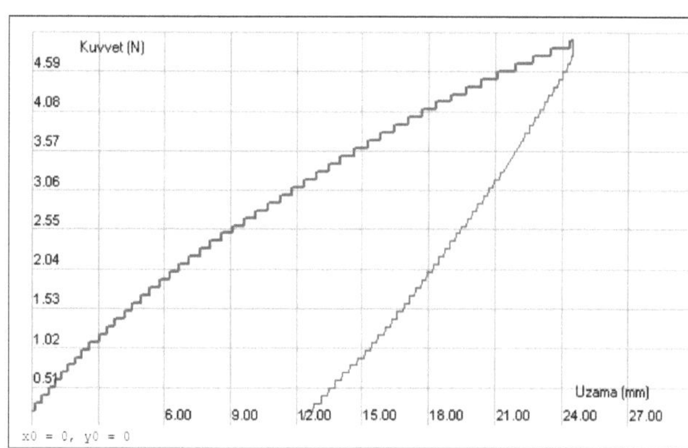

Şekil 3.7.1 Çekme gerilmesi altında oda sıcaklığında kuvvet (N.)-uzama (mm.) diyagramı (Yorulma periyodu: 0 tekrar)

0 yorulma periyotlu numunenin deney sonunda gösterdiği (0 N) histerisiz 12 mm.,

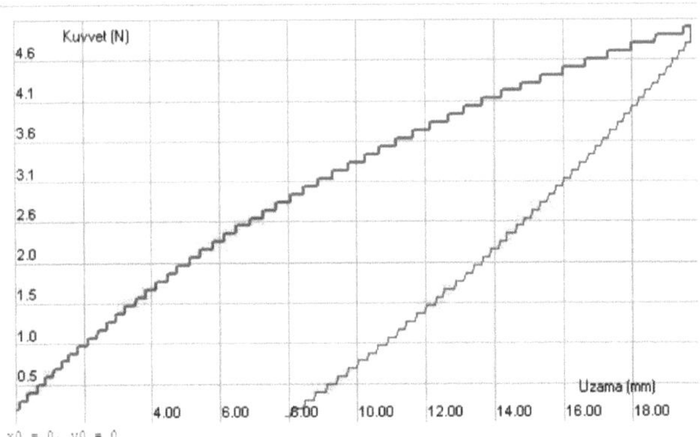

Şekil 3.7.2 Çekme gerilmesi altında oda sıcaklığında kuvvet (N.)-uzama (mm.) diyagramı (Yorulma periyodu: 40 tekrar)

40 yorulma periyotlu numunenin deney sonunda gösterdiği (0 N) histerisiz 8 mm.

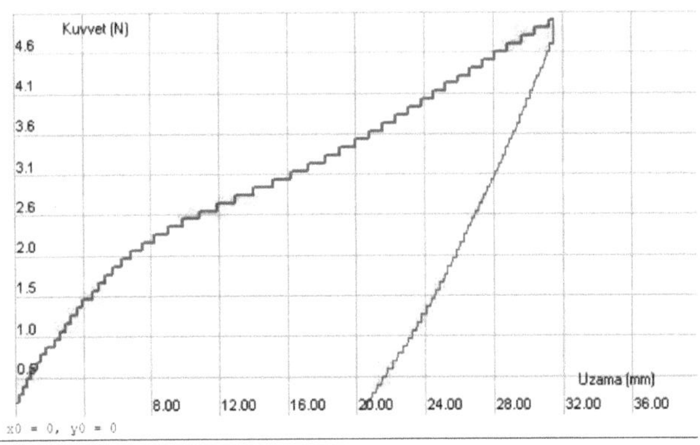

Şekil 3.7.3 Çekme gerilmesi altında oda sıcaklığında kuvvet (N.)-uzama (mm.) diyagramı (Yorulma periyodu: 80 tekrar)

80 yorulma periyotlu numunenin deney sonunda gösterdiği (0 N) histerisiz 20 mm.

3.8. Lagrange Polinom Enterpolasyonu Kullanılarak Modelleme

Yorulma Deneyleri sonunda histerisiz aralığının doğrulanabilmesine olanak sağlayacak hesaplar Lagrange polinom enterpolasyonu kullanılarak bir matematiksel model ile gerçekleştirilmiştir. Söz konusu model, çekme deneylerinden elde edilen histerisiz eğrilerine uygulanmıştır (Şekil 3.8.1). Modelleme tanım ve sonuçları aşağıda verilmiştir.

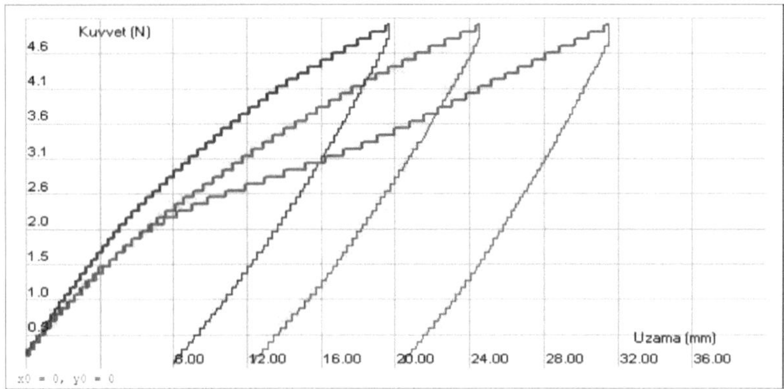

Şekil 3.8.1 Çekme gerilmesi altında histerisiz gösteren numunelerin oda sıcaklığında üç farklı tekrar sayısında kuvvet (N.)-uzama (mm.) diyagramı(Yorulma periyotları: 0, 40, 80)

	0	40	80
χ_i	χ_0	χ_1	χ_2
y_i	y_0	y_1	y_2

$P_n(\chi)$: n. Dereceden polinom ($(\chi_0, y_0), (\chi_1, y_1), (\chi_2, y_2)$ noktalarından geçen eğri)

χ : Çevrim sayısı

y : Uygulanan kuvvet değerinde ölçülen histerisiz aralığı (mm.)

$$P_2(\chi) = \frac{(\chi-\chi_1)(\chi-\chi_2)}{(\chi_0-\chi_1)(\chi_0-\chi_2)} \times y_0 + \frac{(\chi-\chi_0)(\chi-\chi_2)}{(\chi_1-\chi_0)(\chi_1-\chi_2)} \times y_1 + \frac{(\chi-\chi_0)(\chi-\chi_1)}{(\chi_2-\chi_0)(\chi_2-\chi_1)} \times y_2$$

Excel bilgisayar programına aktarıldığında bu eşitlik;

=(A11-$B4)*(A11-$C4)/($A4-$B4)/($A4-$C4)*$A8+(A11-$A4)*(A11-$C4)/($B4-$A4)/($B4-$C4)*$B8+(A11-$A4)*(A11-$B4)/($C4-$A4)/($C4-$B4)*$C8

şeklinde ifade edilir.

Buna göre farklı kuvvet değerleri için deneysel ve hesaplanan histerisiz aralık değerleri;

2,5 N Çekme kuvvetinde histerisiz eğrisinden okunan deney sonuçları:

0 tekrar:19,22–8,61=10,61mm.

40tekrar:14,64–6,62=8,02mm.

80tekrar:26,78–10,16 =16,62mm.

Çizelge 3.8.1,2 ve 3 Bilgisayardan elde edilen sonuçları gösterir. Burada x_0, x_1 ve x_2 tekrar sayılarının girildiği bölümdür. y_0, y_1 ve y_2 histerisiz eğrilerinden ölçülen fark değerdir.

Çizelge 3.8.1 Bilgisayardan hesaplanan değerler (2,5N)

Uygulanan kuvvet değeri 2,5 N							
x_0	x_1	x_2					
0	40	80					
Uygulanan kuvvete göre y değerleri							
y_0	y_1	y_2					
10,61	8,02	16,62					
Yorulma Sayısı							
0	40	80	120	160	200	240	280
Yaklaşık Değerler							
10,61	8,02	16,62	36,41	67,39	109,56	162,92	227,47

3 N Çekme kuvvetinde histerisiz eğrisinden okunan deney sonuçları:

0 tekrar: 20,57–11,5=9,07mm.

40 tekrar: 15,87–8,67=7,2mm.

80 tekrar: 27,93–15,71=12,22mm.

Çizelge 3.8.2 Bilgisayardan hesaplanan değerler(3 N)

Uygulanan kuvvet değeri 3 N							
x_0	x_1	x_2					
0	40	80					
Uygulanan kuvvete göre y değerleri							
y_0	y_1	y_2					
9,07	7,2	12,22					
Yorulma Sayısı							
0	40	80	120	160	200	240	280
Hesaplanan Değerler							
9,07	7,2	12,22	24,13	42,93	68,62	101,2	140,67

3,5 N Çekme kuvvetinde histerisiz eğrisinden okunan deney sonuçları:

0 tekrar: 21,79–14,31=7,48mm.

40 tekrar: 17,00–10,84=6,16mm.

80 tekrar: 29,01–20,24=8,77mm.

Bilgisayar programında daha yüksek tekrar sayıları için hesaplama yaptırmak mümkündür ancak, tekrar sayısı arttıkça sapma oranında artar.

Çizelge 3.8.3 Bilgisayardan hesaplanan değerler (3,5N)

Uygulanan kuvvet değeri 3,5 N							
x_0	x_1	x_2					
0	40	80					
Uygulanan kuvvete göre y değerleri							
y_0	y_1	y_2					
7,48	6,16	8,77					
Yorulma Sayısı							
0	40	80	120	160	200	240	280
Hesaplanan Değerler							
7,48	6,16	8,77	15,31	25,78	40,18	58,51	80,77

4. SONUÇLAR VE TARTIŞMA

Çalışmada NiTi yayın oda sıcaklığında yapısal ve ısıl çevrim sonundaki fonksiyonel yorulma davranışı, mikroyapı ve kimyasal özellikleri incelenmiştir. Elde edilen görüntülerin EDX analizi sonunda yapının çökelti, matris ve boşluk noktalarındaki kimyasal analiz sonuçları alınmış ve faz analizi yapılmıştır. Elde edilen sonuçlar aşağıda verilmiştir.

1. Yay sabiti (c), elastiklik modülü (E) ile doğru orantılı olarak artan bir değerdir. Elastiklik modülü' nün sıcaklıkla ters orantılı olmasına rağmen termoelastik martenzitik dönüşüm sebebiyle şekil bellekli yayın elastiklik özelliğinin çok yüksek olduğu görülmüştür.

($E = \frac{\sigma}{\varepsilon}$ elastiklik modülü ve $c = \frac{F}{l}$ yay sabiti doğru orantılıdır.)

2. Faz diyagramından (Şekil 2.2.2) kimyasal analiz sonuçları ile fazlar analiz edilmiştir. Ni-Ti faz diyagramı incelendiğinde yay bileşiminin yaklaşık %40-%55 (ağ.) Ti aralığında, oda sıcaklığından 984 ^{o} C ye uzanan karışma boşluğu içerisinde olduğu görülmüştür. NiTi faz diyagramında, bölgede bulunan fazlar $TiNi+TiNi_3$ fazlarıdır.

3. $TiNi_3$ bileşimli çökeltilerin boşluklar da göz önüne alındığında, 5000X büyütmedeki tüm mikroyapı fotoğraflarında homojen bir dağılım gösterdiği görülmektedir. Bu durum gerinimsiz haldeki numunenin üretiminde, şekil bellek ısıl işlemi sırasında oldukça yüksek bir verim alındığının da bir göstergesidir. NiTi şekil bellekli yayın yorulma hareketi sırasında dengeli $TiNi_3$ veya dengesiz $TiNi_2$ çökeltileri oluşturduğu kimyasal analiz sonuçlarından görülmüştür. Yeni oluşan çökeltilerin tane sınırlarına yerleşerek, şekil bellek etkisi gibi fonksiyonel özelliklerde kayıp oluştuğu anlaşılmıştır.

4. Numunelerin matris yapıları incelediğinde gerinimsiz durumdaki ve 10 çevrime maruz kalmış olan numune 2 nin mikroyapı fotoğraflarının ince ve oval taneler gösterdiği dikkat çekmektedir. Ancak çevrim sayısı 15, 20, 25 ve 30 olduğunda (Şekil

3.4.2.1.4-b, Şekil 3.4.2.1.6-b, Şekil 3.4.2.1.8-b ve Şekil 3.4.2.1.10-b) numunelerin tane şekillerinin giderek iğnemsi yapıda martenzit varyantlarını oluşturduğu görülmektedir. Mikroyapı fotoğrafları karşılaştırıldığında Brinson vd.'nin, (2004) mikroyapı fotoğrafları ile büyük oranda örtüşme görülmektedir. Farklılıkların kaynağı optik mikroskop ve tarama elektron mikroskobu (SEM) görüntüleme sistemlerinden kaynaklanmaktadır. NiTi şekil bellekli yayların SEM analizinde kristal yapılarının artan çevrim sayısıyla küresel formdan iğnemsi forma dönüştüğü tespit edilmiştir.

5. NiTi şekil bellekli alaşımlarının çevrim sayısı artıkça, fonsiyonel yorulma deneyini gerçekleştirmek amacıyla verilen ısı sebebiyle, Şekil 2.2.2' de verilen NiTi faz diyagramında doyma eğrisi takip edildiğinde, bileşimin $TiNi_3$ çökelti bölgesine doğru ötelendiği görülür. Homojen bir dağılım gösteren bu çökeltilerin oranı çevrim sayısı arttıkça artmakta, Şekil 3.4.2.1.10-b ve Şekil 3.4.2.1.12-b' da belirgin şekilde görüldüğü gibi tane sınırlarında yoğunlaşmaktadır. Numuneler yorulma işleminden hemen sonra mikroyapı analizi gerçekleştirildiğinden çökeltilerin oluşmasının zamana bağlı olmadığı sonucu çıkmaktadır. Bu durumda, çökeltiler tamamen fonksiyonel yorulma deneyi sırasında, sıcaklık ve basma gerilmesi altında oluşmuştur, bir yapay yaşlanma durumu söz konusu değildir.

6. DSC analiz sonucundan yaklaşık 50 °C de A_s sıcaklık düzeyine gelindiği ve 90 °C de A_f sıcaklık düzeyine ulaşıldığı görülmektedir. Söz konusu değerler yorulma deneylerinde gerçekleştirilen ısıl çevrimde uygulanan sıcaklık değerlerinin martenzit-östenit dönüşümü için tam olarak uygulanması gereken değerlerin sağlandığını doğrulamıştır.

7. NiTi alaşımları bölüm 2.2' de belirtildiği gibi ya doğrudan B2↔B19' ya da kademeli olarak B2↔R↔B19' östenit' ten martenzite dönüşürler. Şekil 3.6.1' de verilen DSC analizinde bir R fazı dönüşümünün ve buna işaret eden pikin olmadığı görülmüştür. NiTi alaşımları iki farklı dönüşümle martenzitik fazı oluşturduğundan ve R faz dönüşümü ile egzotermik piki görülmediğinden dolayı dönüşümün

B2↔B19' Monoklin (M) olduğu anlaşılır.

8. Çökelti kimyasal analiz sonuçları ile yapıda TiNi ve $TiNi_2$ çökeltilerinin olduğu verileri elde edilmiştir. Otsuka ve Ren'in (1999) bölüm 2.2. de verilen görüşlerine göre TiNi' ün dengeli çökelti fazı olduğu söylenir ve bölüm 3.5 de yapılan kimyasal analizlerle varlığı tesbit edilen $TiNi_2$ çökelti fazlarının yapıda olduğu söylenirse, R faz dönüşümünün gerçekleşmediği bilindiğinden yapıda Ti_3Ni_4 ve Ti_2Ni_3 çökeltilerinin bulunma ihtimalide yoktur.

9. Fonksiyonel yorulma deneyleri sırasında martenzitik dönüşüm gerçekleşirken dönüşüme katılmayan bir bölümün de yapıda bulunduğu söylenmelidir. Mikroyapı fotoğrafları çevrim sayısı arttıkça östenitin sıcaklığın düşmesi ile tam olarak giderilemediğini ve oda sıcaklığı veya oda sıcaklığına yakın bir sıcaklıkta deformasyonla oluşan martenzitlerin östenit-martenzit dönüşümünü tam olarak gösteremediğini doğrulamıştır. Bu durum çevrim sayısı arttıkça martenzit kristallerinin Şekil 2.2.1' de verilen Meier H. ve Oelschlaeger L.' in (2003) belirttiği gibi yüzde olarak ifade edilmesinin daha uygun olacağının da bir göstergesidir. NiTi şekil bellekli alaşımların fonksiyonel yorulmasının kaynağı soğutma veya deformasyonla giderilemeyen bu dönüşüme katılmayan NiTi matris bileşimindeki miktardır. Yorulma ömrünün arttırılması bu oranın olabildiğince düşük tutulmasına bağlıdır.

10. Fonksiyonel yorulma deneylerinde çevrim sayısı arttıkça histerisiz eğrilerinin Tmax. sıcaklık değerlerinin arttığı, 80 yorulma çevrimindeki yayın çekme deneyinde histerisiz eğri karakterinin 3N. dan sonra pseudoelastik (elastiğe benzer) karakter gösterdiği tespit edilmiştir.

11. Artan dönüşüme katılmayan oranların toplam hacimdeki martenzit oranını düşürdüğü anlaşılmıştır.

NiTi şekil bellekli alaşımların şekil bellek etkisinin, yorulma davranışı karşısında göstermiş olduğu tutumun incelendiği bu çalışma boyunca, fonksiyonel yorulma davranışının özellikleri ortaya koyulmuştur. İki başlık altında histerisiz incelemeleri gerçekleştirilerek, her malzemede görülen mekanik davranış sonunda elde edilen histerisiz eğrisi ile sadece şekil bellekli alaşımlara özgü olan ve kısaca sıcaklık etkisinde şekil bellek etkisinin azalması olarak tanımlanabilen fonksiyonel yorulma davranışı sonunda elde edilen histerisiz eğrileri ayrı ayrı sergilenmiştir.

Yapılan çekme deneylerden elde edilen histerisiz eğrisi sonuçları ile Lagrange polimer enterpolasyonu kullanılarak fonksiyonun tanımlı noktalardaki histerisiz aralık değerleri kesin olarak sağlamış, böylelikle deneysel veriler model ile tam olarak teyit edilmiştir. Daha yüksek çevrim sayıları için histerisiz aralık değerlerinin tayini bir miktar sapma değeri ile sağlanmıştır. Bu sapma değerleri tekrar sayısı deneysel olarak elde edilen histerisiz değerlerindeki tekrar sayılarından uzaklaştıkça artmakta ve polinomik bir karakter sergilemektedir. Gelecekteki çalışmalarda, henüz daha sonlu elemanlar analizi yöntemi ile modelleme yapan paket programlarda NiTi şekil bellekli alaşım grubunun bulunmaması sebebi ile doğan sıkıntıları çözmek için sonlu elemanlar analizi yöntemi ile modelleme konuları çalışılacaktır.

Çalışmaların devamını sağlamak suretiyle ülkemizde üzerinde yeterince çalışma yapılmadığı düşünülen NiTi esaslı şekil bellekli alaşımların daha da derinlemesine incelenerek bu konudaki eksikliklerin giderilebileceği öngörülebilir. NiTi esaslı şekil bellekli alaşımların elektroteknikten medikal uygulamalara, savunma sistemlerinden havacılık ve uzay sanayine kısacası ısı enerjisinin mekanik enerjiye dönüşmesi istendiği her alanda olan uygulamaları ileri teknoloji malzemelerinin büyük bir oranını oluşturmaktadır. Bu sebeple ileri teknolojiye geçmekte olan ülkemizde son zamanlarda tüm dünyada üzerinde yoğun olarak çalışılan NiTi Şekil Belekli Alaşımlar konusunda özellikle modelleme ve TEM analizi konularında yapılan çalışmaların desteklenmesi ve yeni çalışmaların yapılması önerilebilir.

KAYNAKLAR

- ASTM International, (2000), ASTM F 2004–03, Standard test Method for Transformation Temparature of Nickel-Titanium Alloys by Thermal Analysis, West Conshohocken
- ASTM International, (2000), "ASTM F 2005–00, Standard Terminology for Nickel-Titanium Shape Memory Alloys", West Conshohocken
- Ball,P., (1999), Made to Measure New Materials for 21st centaury, Prenceton Universitiy Press, New Jersey
- Bhattacharya K., (2003), Microstructure of Martensit, Oxford University Press, Oxford
- Bor,Ş., (1998), "Şekil Bellekli CuZnAl Alaşımlarının Üretimi ve Karakterizasyonu", Tübitak Proje Raporu, MİSAG-72,ANKARA
- Braz Fernandes F.M., da Costa Viana C.S.,Paula A.S., Mahesha K.K., dos Santos C.M.L., (2007), "Thermomechanical behavior of Ti-rich NiTi shape memory alloys", Elsevier, Materials Science and Engineering, A 481-482:146-150
- Brinson L.C., Schmidt I., Lammering R., (2004), "Stres-induced transformation behavior of a polycrystalline NiTi shape memory alloy: micro and macromechanical investigations via in situ optical microscopy", Elsevier, Journal of the Mechanics and Physics of Solids, 52:1549-1571
- Chen S-W, Yang C-L, (2005), US 2005/0214709 A1, "Metallic Archwires and Dental Crowns of Various Colors and Their Preparation Methods", US Patent Application Publication
- Cui L., Li Y., Zheng Y., Yang D., (2001) "Two stayle recovery strain of prestrained TiNi shape shape memory alloy after phase transformations under constraint", Materials letter 47:286-289

- Dolce M., Cardone D., (2001), "Mechanical behaviour of shape memor yalloys for seismic applications 1-Martensite and austenite NiTi bars subjected to torsion", Pergamon, International Journal of Mechanical Science, 43:2631-2656
- Egeler G., Hornbogan E., Yawny A., Heckmann A., Wagner M., (2003), "Structural and functional fatigue of NiTi shape memory alloys", Elsevier, Materials Science and Engineering, baskıda
- Favier D., Liu Y., Orgeas L., Sandel A., Debove L., Comte-Gazc P., (2006), "Influence of thermomechanical processing on the superelastic properties of a Ni-rich Nitinol shape memory alloy", Elsevier, Materials Science and Engineering, A 429:130-136
- Frick C. P., Ortega A. M., Tyber J, Maksound A.El.M., Maier H. J., Liu Y., Gall K., (2005), "Thermal processing of polycrystalline NiTi shape memory alloys", Elsevier, Material Science and Engineering, A 405:34-49
- Gall K., Şehitoğlu H., Chumlyakov Y.I., Kireeva I.V., Maier H., (1999), "The Influnence of Aging on Critical Transformation Stres Levels and Martensite Start Temperatures in NiTi: Part1- Aged Microstructure and Micro-Mechanical Modeling", Journal of Engineering Materials and Technology, 121:19-27
- Helm D., Haupt P., (2002), "Shape memory behaviour: modelling within continuum termomechanics", Pergamon, International Journal of Solids and Structures, 40:827-849
- Higgins, R.A. (1993), Engineering Metallurgy Part 1, Applied Physical Metallurgy, Cornwall
- Hodgson, D.E., Wu M.H., Biermann R.J.,(1993), ASM handbook , ASM International, USA

- Holec D., Bojda O.,Dlouhy A., (2006), "Ni_4Ti_3 precipitate structures in Ni-rich NiTi shape memory alloys", Elsevier, Materials Science and Engineering, A 481-482:462-465
- Hornbogen E., Martinger V., Wunzel D., (2001) "Mikrostructure and tensile properties of binary NiTi alloys" scripta metarialia, 44:171-178
- Jardin, (2006), US 2006/0289295, "Shape Memory Device Having Two-Way Cyclical Shape Memory Gradient and Method of Manufacture" US Patent Application Publication
- Qin Chang-jun, , Ma Pei-sun, Yao Qin, (2004), "A prototype micro-wheeled-robot using SMA actuator",Elsevier, Sensors and actuators A: Physical, v. 113, Issue 1, p. 94–99, DOI: 10.1016/j.sna.2004.01.017
- Kim J.I.,Yinong L., Miyazaki S.,(2003), "Ageing-induced two-stage R-phase transformation in Ti–50.9at.%Ni" Elsevier, Acta Materialia, 52:487-499
- Kirkpatrick S.,Haute T, Siahmakoun A, Adams T Mc D., Haute T, Wang Z., (2006), US 2006/0162331 A1, "A Shape Memory Alloy Mems Heat Engine", US Patent Application Publication
- Liu Q.S., Maa X., Lin C.X., Wu Y.D., (2006), "Effect of the heat treatment on the damping characteristics of the NiTi shape memory alloy", Elsevier, Materials Science and Engineering, A 438-440:563-566
- Liu Y., Kim J. I., Miyazaki S., (2004), "Thermodynamic analysis of ageing-induced multiple-stage transformation behaviour of NiTi", Taylor and Francis, Philosophical Magazine 84:2083–2102
- Liu Y., Yang H., Voigt A., (2003), "Thermal analysis of the effect of aging on the transformation behaviour of Ti/50.9at.% Ni", Elsevier, Materials Science and Engineering, A360: 350-355
- Liu Y., Xie Z., Humbeeck J., Delaey L., Liu Y., (2000), "On the deformation of the twinned domain in NiTi shape memory alloys", Taylor and Francis, Philosophical Magazine A, 80:1935–1953

- Mehrabi K., Bahmanpour H., Shokuhfar A., Kneissl A., (2008), "Infiluence of chemical composition and manufacturing conditions on properties of NiTi Shape memory Alloys", Elsevier, Material Science and Engineering: A, v. 481-482, p. 693-696, DOI: 10.1016/j.msea.2006.12.230
- Meier H. , Oelschlaeger L., (2004), "Numerical thermomechanical modelling of shape memory alloy wires" , Elsevier, Material Science and Engineering: A, Volume 378, Issues 1–2, p. 484–489, DOI: 10.1016/j.msea.2003.09.113
- Moumni Z., Zaki W., NguyenQ. S., (2007), "Theoretical and numerical modeling of solid–solid phase change: Application to the description of the thermomechanical behavior of shape memory alloys", Elsevier, International Journal of Plasticity, 24:614-64
- Müller K., (2001), "Extrusion of nickel-titanium alloys Nitinol to hollow shapes", Elsevier, Journal of Materials Processing Technology,111:122-126
- Nayan N., Govind, Saikrishna C.N., Ramaiah K. V., Bhaumik S.K., Nair K. S., Mittal M.C., (2007), "Vacuum induction melting of NiTi shape memory alloys in graphite crucible", Elsevier, Materials Science and Engineering, A 465:44-48
- Ortin J., Delaey L., (2002), "Histeresis in shape-memory alloys", International Journal of Nonlinear Mechanics, 37:1275-1281
- Otsuka K., Wayman, C.M., (1999), Shape Memory Materials, Cambridge University Press, Cembridge
- Otsuka K., Ren X., (1999), "Martensitic transformation in nonferrous shape memory alloys", Elsevier, Material Science and Engineering, A 273-275:89-105
- Pieczska E.A., Gadai S.P., Nowacki W.K., Tobushi H., (2006), "Phase-Transformation Fronts Evolution for Stres-and Strain- Controlled Tension Tests in TiNi Shape Memory Alloy", Society for Experimental Mechanics, 46:531-542

- Potluri, H.B., (1999), “Joining of Shape Memory Alloys”, Welding Journal, 39–42
- Scherngell H., Kneissl A.C., (1998), “Training and Stability of the Intrinsic Two-Way Shape Memory Effect in Ni-Ti Alloys”, Elsevier, Scripta Materialia, 39:205–212
- Schimizu K. ve Tadaki T., (1987), Shape Memory Alloys, Gordon and Breach Science Publishers, New York
- Seelecke S., (2002), “Modelling the dynamic behavior of shape memory alloys”, Pergamon , International Journal of Nonlinear Mechanics, 37:1363-1374
- Sittner P.,Landa M.,Lukas P.,Novak V., (2004), “R-phase transformation phenomena in thermomechanically loaded NiTi polycrystals”, Elsevier, Mechanics of Materials, 38:475-492
- Smith W. F., (1996), Principles of Materials Science and Engineering, McGraw-Hill Companies, New York
- Somsen Ch.,Zahres H.,Kastner J.,Wassermann E.F.,Kakeshita T.,Saburi T., (1999), “Influence of thermal annealing on the martensitic transitions in Ni–Ti shape memory alloys”, Elsevier, Materials Science and Engineering, A 273-275:310-314
- Stroz D., (2002), “Studies of the R-phase transformation in a Ti–51at.%Ni alloy by transmission electron microscopy”, Pergamon, Scripta Materialia, 47:363-369
- Szilagy, (2005), US 2005/0023086 A1, “Shape memory Alloy Actuated and Bender Actuated Helical Spring Brakes”, US Patent Application Publication
- Tobushi H., Hachisuka T., Yamada S., Lin P-H., (1997), “Rotating-Bending fatigue of a TiNi Shape Memory Alloy wire”, Elsevier, Mechanics of Materials, 26:35-42
- TS 5154–1 EN 60584–1, (2006), “Isıl Çiftler-Bölüm 1: Referans Çizelgeler

(Thermocouples – Part 1: Reference tables)", TSE, Ankara

- TSE, (1973), "TS 1440, Türk Standartları Enstitüsünün Silindirik, helisel, yuvarlak telden soğuk sarılmış yaylar", Ankara
- Villhard R. L.,Atmur R. J.,(2004), US 2004/0252005 A1, "Shape Memory Alloy Mems Component Deposited by chemical Vapor deposition", US Patent Application Publication
- Webster John. R., (2006), US 2006/0000211 A1, "Shape Memory Material Actuation", US Patent Application Publication
- Wu H. M., (2001), "Fabrication of Nitinol Materials and Components", Proceedings of the International Conference on Shape Memory and Superelastic Technologies Kunming-China, 285-292
- Xie Z., Liu Y., Van Humbeeck J., (1989), "Microstructure of NiTi Shape Memory Alloy Due to Tension–Compression Cyclic Deformation", Acta mater. 46:1989–2000
- Yan W., Wang C.H., Zhang X.P., Mai Y-W, (2002), "Theoreical modelling of the effect of plasticity on reverse transformation in superelastic shape memory alloys", Elsevier, Material Science and Engineering: A, 354:146-157
- Zeng Y., Jiang F., Li L., Yang H., Liu Y. , (2007), "Effect of ageing treatment on the transformation behaviour of Ti-50,9 at. Ni alloy", Elsevier, Acta Materialia, 56:736–745
- Zhang X. ve Şehitoğlu H., (2004), "Crystallography of the B2→R→B19' phase transformations in NiTi",Elsevier, Material Science and Engineering: A, v. 374, Issues 1–2, p. 292–302, DOI: 10.1016/j.msea.2004.03.013

EKLER

Ek 1 Şekil bellekli yayın mesafe(mm.)-kuvvet(N.) değerleri

Kuvvet(N)	0,002	0,571	0,850	1,101	1,350	1,589
Mesafe(mm)	0,043	0,285	0,527	0,902	1,104	1,227
Kuvvet(N)	1,827	2,073	2,298	2,510	2,717	2,911
Mesafe(mm)	2,002	3,487	4,217	4,734	5,099	6,484
Kuvvet(N)	3,093	3,271	3,445	3,605	3,855	
Mesafe(mm)	6,821	7,386	8,007	9,059	9,866	

Ek 2 40 tekrarlı yorulma histerisiz eğrisi için hesaplanan mesafe-sıcaklık değerleri

Mesafe(mm)	Sıcaklık(°C)
15,55	28
16,00	35
16,43	55
17,32	64
18,66	79
22,22	92
24,44	100
32,00	103
31,60	100
31,55	92
30,46	79
29,33	64
27,10	55
25,77	35
15,55	28

Ek 3 80 tekrarlı yorulma histerisiz eğrisi için hesaplanan mesafe-sıcaklık değerleri

Mesafe(mm)	Sıcaklık(°C)
14,85	30
15,47	39
16,71	55
17,33	71
19,20	94
21,06	108
26,03	116
32,25	127
31,62	116
31,00	108
29,76	94
27,90	71
26,03	55
20,44	39
14,85	30

Ek 4 Çekme deneyi sırasında kuvvet artarken ölçülen kuvvet-mesafe değerleri

0 çevrim		40 çevrim		80 çevrim	
Kuvvet	Uzama	Kuvvet	Uzama	Kuvvet	Uzama
2,50	8,69	2,50	6,57	2,50	9,98
2,50	8,71	2,50	6,62	2,50	10,03
2,50	8,76	2,50	6,64	2,50	10,08
2,50	8,78	2,50	6,68	2,50	10,11
2,50	8,82	2,50	6,72	2,50	11,16
2,50	8,87	2,50	6,76	2,50	11,21
2,50	8,91	2,50	6,78	2,50	11,26
2,50	8,93	2,50	6,82	2,50	11,28
2,50	8,97	2,50	6,86	2,50	11,33
2,50	9,10	3,00	8,48	2,50	11,39
3,00	11,39	3,00	8,75	2,50	10,71
3,00	11,43	3,00	8,77	2,50	10,73
3,00	11,48	3,00	8,82	2,50	10,78
3,00	11,50	3,00	8,86	3,00	15,20
3,00	11,54	3,50	10,66	3,00	15.24
3,00	11,58	3,50	10,71	3,00	15.27
3,00	11,62	3,50	10,75	3,00	15.32
3,00	11,64	3,50	10,77	3,00	15.37
3,00	11,68	3,50	10,82	3,00	15.42
3,00	11,72	3,50	10,84	3,00	15.44
3,50	14,02	3,50	10,93	3,00	15.54
3,50	14,06	3,50	10,97	3,50	29,11
3,50	14,10	3,50	10,99	3,50	29,06
3,50	14,12	3,50	11,03	3,50	29,06
3,50	14,16	3,50	11,07	3,50	29,01
3,50	14,20	3,50	11,12	3,50	28,96

Ek 5 Çekme deneyi sırasında kuvvet azalırken ölçülen kuvvet-mesafe değerleri

0 çevrim		40 çevrim		80 çevrim	
Kuvvet	Uzama	Kuvvet	Uzama	Kuvvet	Uzama
3,50	21,79	3,5	17,09	3,50	29,11
3,00	20,68	3,5	17,03	3,50	29,06
3,00	20,63	3,5	17	3,50	29,01
3,00	20,61	3,5	16.97	3,50	28,90
3,00	20,57	3,5	16.93	3,50	28,04
3,00	20,52	3,0	15.98	3,00	27,99
3,00	20,48	3,0	15.94	3,00	27,93
2,50	19,42	3,0	15.92	3,00	27,88
2,50	19,38	3,0	15.87	3,00	27,86
2,50	19,34	3,0	15.82	2,50	26,89
2,50	19,29	3,0	15.79	2,50	26,86
2,50	19,27	2,5	14.85	2,50	26,08
2,50	19,22	2,5	14,80	2,50	26,72
		2,5	14.78		
		2,5	14.73		
		2,5	14.69		
		2,5	14.64		

Ek 6 R fazı oluşumunda a) DSC eğrisindeki egzotermik pik ve b) histerisiz eğrisindeki ötelenme (Zhang ve Şehitoğlu, 2004).

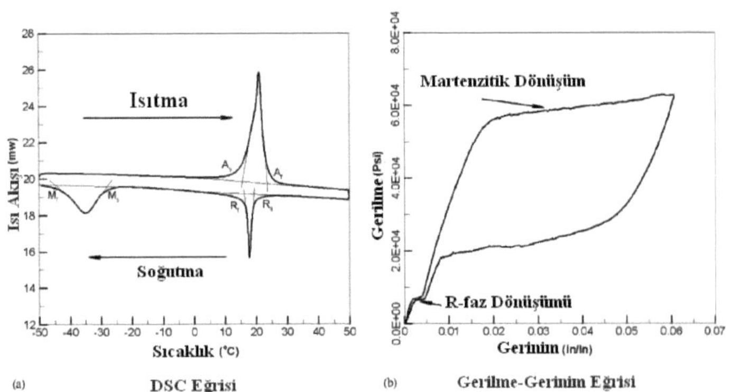

Printed by Books on Demand GmbH, Norderstedt / Germany